移动通信网络优化与实践

黄宗伟　著

吉林大学出版社
·长春·

图书在版编目（CIP）数据

移动通信网络优化与实践 / 黄宗伟著. -- 长春：
吉林大学出版社，2022.9
ISBN 978 - 7 - 5768 - 0719 - 6

Ⅰ. ①移… Ⅱ. ①黄… Ⅲ. ①移动网 – 最佳化 – 研究
Ⅳ. ①TN929.5

中国版本图书馆 CIP 数据核字（2022）第 186380 号

书　　名　移动通信网络优化与实践
　　　　　YIDONG TONGXIN WANGLUO YOUHUA YU SHIJIAN

作　　者　黄宗伟　著
策划编辑　杨占星
责任编辑　陈　曦
责任校对　滕　岩
装帧设计　万典文化
出版发行　吉林大学出版社
社　　址　长春市人民大街 4059 号
邮政编码　130021
网　　址　http://www.jlup.com.cn
电子邮箱　jldxcbs@sina.com
印　　刷　安徽中皖佰朗印务有限公司
开　　本　787mm×1092mm　1/16
印　　张　12.75
字　　数　280 千字
版　　次　2022 年 9 月　第 1 版
印　　次　2024 年 4 月　第 2 次
书　　号　ISBN 978 - 7 - 5768 - 0719 - 6
定　　价　78.00 元

PREFACE

　　科技发展，通信先行。5G 时代的到来，标志着万物互联已成为现实，超清视频、无人驾驶、机器通信、VR&AR 等概念已逐渐深入千家万户，5G 网络正引领着社会经济生活的变革。由于新一代的网络架构、全新的网络技术、多样性的业务应用、全云化的设备部署，以及 3/4/5G 网络并存的现状，使得移动通信网络变得更加复杂，对从业人员的技能要求越来越高。传统的单一网络技能人员已无法满足网络运维岗位的技能需求，一专多能的综合型人才已成为行业主流人才发展趋势。

　　移动网络优化是指网络开通后的业务优化，具体工作内容主要是通过对现网运行的不同制式网络进行数据分析、现场测试数据采集、硬件检查等手段，找出影响网络质量的原因，然后通过参数的修改、网络结构和设备配置的调整以及网络关键技术的应用，确保系统高质量运行。作为移动通信领域最重要的岗位之一，移动网络优化在维护网络平稳运行、保障用户感知需求上有着不可或缺的作用。移动网络优化人才需要在具备熟练的 2/3/4G 网络优化基础上，熟练掌握 5G 网络基本原理和关键技术，深入理解 5G 网络架构，通过虚拟化、智能化运维优化解决 5G 网络疑难问题，保障网络运行质量。

　　本书作为移动网络优化岗位的入门级读物，从移动通信基础知识开始，逐步介绍 4G LTE 和 5G NR 网络架构和关键技术，以及不同网络制式下的关键参数和现网使用的测试分析工具，最后结合单站测试优化案例和编写网优报告实训，帮助读者在掌握理论知识的同时迅速提升实战水平，更快地熟悉移动网络优化实践工作。所以本书不仅是一本以 5G 网络为代表的科普图书，更是为了帮助读者更加全面地掌握移动网络优化知识，了解现网实践工作内容。

编　者

CONTENTS

目 录

1 通信概述

1.1 通信基本概念

1.1.1 移动通信系统架构

典型的移动通信系统由移动交换机、基站、移动台及局间和基站间的中继组成，经过 2/3/4/5G 的演进，虽然网元名称和功能都发生了变化，但是整体框架仍然遵循"核心－承载－接入－终端"的架构。图 1－1－1 所示是 2G 的典型组网，后续的 3/4/5G 均以此为基础进行演进发展。

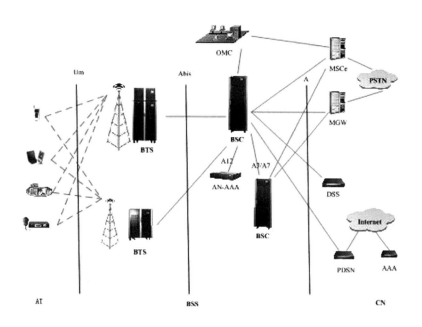

图 1－1－1 2G 的典型组网

1.1.2 频率复用

频率复用也称频率再用，就是重复使用（reuse）频率，在 GSM 网络中频率复用就是，使同一频率覆盖不同的区域（一个基站或该基站的一部分（扇形天线）所覆盖的区域），这些使用同一频率的区域彼此需要相隔一定的距离（称为同频复用距离），以满足将同频干扰抑制到允许的指标以内。使用微蜂窝结构进行频率复用，能在一定的区域范围内使容量更大。

1.1.3　双工技术

双工指的是二台通信设备之间，允许有双向的资料传输。移动设备之间的通信链路会占用两个频率：从终端到网络（上行链路）的传输信道，以及一个反方向（下行链路）的信道。双工的含义是可以同时进行双向传输，就如平时的打电话。双工技术对于移动通信而言，双向通信可以以频率分开（FDD 分频双工），也可以以时间分开（TDD 分时双工）。

1.1.4　调制编码

网络中的通信信道可以分为模拟信道和数字信道，分别用于传输模拟信号和数字信号，而依赖于信道传输的数据也分为模拟数据与数字数据两类。为了正确地传输数据，必须对原始数据进行相应的编码或调制，将原始数据变成与信道传输特性相匹配的数字信号或模拟信号后，才能送入信道传输。

如图 1 - 1 - 2 所示，数字数据经过数字编码后可以变成数字信号，经过数字调制（ASK、FSK、PSK）后可以成为模拟信号；而模拟数据经过脉冲编码调制（PCM）后可以变成数字信号，经过模拟调制（AM、FM、PM）后可以成为与模拟信道传输特性相匹配的模拟信号。

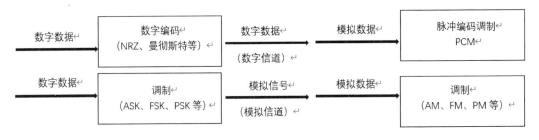

图 1 - 1 - 2　调制编码

一、数字数据的数字信号编码

利用数字通信信道直接传输数字信号的方法，称作数字信号的基带传输。而基带传输需要解决的两个问题是数字数据的数字信号编码方式及收发双方之间的信号同步。

在数字基带传输中，最常见的数据信号编码方式有不归零码、曼彻斯特编码和差分曼彻斯特编码 3 种。以数字数据 011101001 为例，采用这 3 种编码方式后，它的编码波形如图 1 - 1 - 3 所示。

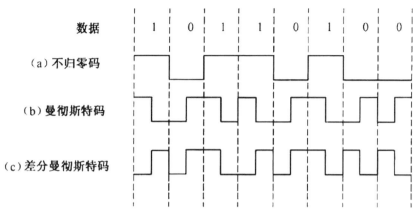

图 1-1-3　编码波形图

数字数据的编码方式：

1. 不归零码（NRZ，Non-Return to Zero）

NRZ 码可以用低电平表示逻辑"0"，用高电平表示逻辑"1"。并且在发送 NRZ 码的同时，必须传送一个同步信号，以保持收发双方的时钟同步。

2. 曼彻斯特编码（Manchester）

曼彻斯特编码的特点是每一位二进制信号的中间都有跳变，若从低电平跳变到高电平，就表示数字信号"1"；若从高电平跳变到低电平，就表示数字信号"0"。曼彻斯特编码的原则是：将每个比特的周期 T 分为前 $T/2$ 和后 $T/2$，前 $T/2$ 取反码，后 $T/2$ 取原码。曼彻斯特编码的优点是每一个比特中间的跳变可以作为接收端的时钟信号，以保持接收端和发送端之间的同步。

3. 差分曼彻斯特编码（Difference Manchester）

差分曼彻斯特编码是对曼彻斯特编码的改进，其特点是每比特的值要根据其开始边界是否发生电平跳变来决定，若一个比特开始处出现跳变则表示"0"，不出现跳变则表示"1"，每一位二进制信号中间的跳变仅用做同步信号。差分曼彻斯特编码和曼彻斯特编码都属于"自带时钟编码"，发送它们时不需要另外发送同步信号。

二、数字数据的模拟信号调制

传统的电话通信信道是为传输语音信号设计的，用于传输音频 300~3400Hz 的模拟信号，不能直接传输数字数据。为了利用公共电话交换网实现计算机之间的远程数据传输，就必须首先利用调制解调器将发送端的数字数据调制成能够在公共电话网上传输的模拟信号，经传输后在接收端再利用调制解调器将模拟信号解调成对应的数字数据。

在调制过程中，首先要选择一个频率为 f 的正（余）弦信号作为载波，该正（余）弦信号可以用 $A\sin(2\pi ft+\varphi)$ 表示，其中 A 代表波形的幅度，f 代表波形的频率，φ 代表波形的初始相位。通过改变载波的这三个参数，就可以表示数字数据"0"或"1"，实现调制的过程。下图 1-1-4 显示了对数字数据"010110"使用不同调制方法后的波形。

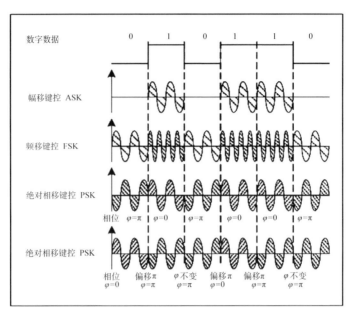

图 1-1-4　波形图

数字数据的调制方法：

1. 幅移键控（ASK，Amplitude Shift Keying）

ASK 是通过改变载波信号的幅度值来表示数字数据"1"和"0"的，用载波幅度 A_1 表示数据"1"，用载波幅度 A_2 表示数据"0"（通常 A_1 取 1，A_2 取 0），而载波信号的参数 f 和 φ 恒定。

2. 频移键控（FSK，Frequency Shift Keying）

FSK 是通过改变载波信号频率的方法来表示数字数据"1"和"0"的，用频率 f_1 表示数据"1"，用频率 f_2 表示数据"0"，而载波信号的参数 A 和 φ 不变。

3. 相移键控（PSK，Phase Shift Keying）

PSK 是通过改变载波信号的初始相位值 φ 来表示数字数据"1"和"0"的，而载波信号的参数 A 和 f 不变。PSK 包括绝对调相和相对调相两种类型：

（1）绝对调相

绝对调相使用相位的绝对值，φ 为 0 表示数据"1"，φ 为 π 表示数据"0"。

（2）相对调相

相对调相使用相位的偏移值，当数字数据为"0"时，相位不变化，而数字数据为"1"时，相位要偏移 π。

三、模拟数据的数字信号编码

由于数字信号具有传输失真小、误码率低、传输速率高等优点，因此常常需要将语音、图像等模拟数据变成数字信号后经计算机进行处理。脉冲编码调制（Pulse Code Modulation，PCM）是将模拟数据数字化的主要方法，它在发送端把连续输入的模拟数据变换为在时域和振幅上都离散的量，然后将其转化为代码形式传输。

脉冲编码调制一般通过抽样、量化和编码 3 个步骤将连续的模拟数据转换为数字信号，如图 1 – 1 – 5 所示。

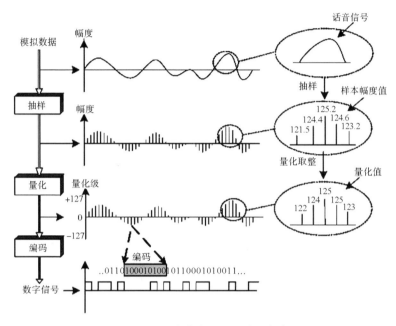

图 1 – 1 – 5 脉冲编码调制的 3 个步骤

1. 抽样

模拟信号是电平连续变化的信号。每隔一定的时间间隔，采集模拟信号的瞬时电平值作为样本，这一系列连续的样本可以表示模拟数据在某一区间随时间变化的值。抽样频率以奈奎斯特抽样定理为依据，即当以等于或高于有效信号频率两倍的速率定时对信号进行抽样，就可以恢复原模拟信号的所有信息。

2. 量化

量化是将抽样样本幅度按量化级决定取值的过程，就是把抽样所得的样本幅值和量化之前规定好的量化级相比较，取整定级。显然，经过量化后的样本幅度为离散值，而不是连续值。

量化级可以分为 8 级、16 级或者更多级，这取决于系统的精确度要求。为便于用数字电路实现，其量化级数一般取 2 的整数次幂。

3. 编码

编码是用相应位数的二进制代码表示已经量化的抽样样本的级别。比如，如果有 256 个量化级，就需要使用 8 个比特进行编码。经过编码后，每个样本都由相应的编码脉冲表示。

4. 模拟数据的模拟信号调制

在模拟数据通信系统中，信源产生的电信号具有比较低的频率，不宜直接在信道中传输，需要对信号进行调制，将信号搬移到适合信道传输的频率范围内，接收端将接收的已调信号再搬回到原来信号的频率范围内，恢复成原来的消息，比如无线电广播。模拟数据的模拟调制技术主要包括调幅 AM、调频 FM 和调相 PM 三类。

1.1.5　多址接入

多址接入分为频分多址（FDMA）、时分多址（TDMA）和码分多址（CDMA）。当以传输信号的载波频率不同来区分信道建立多址接入时，称为频分多址方式（FDMA）；当以传输信号存在的时间不同来区分信道建立多址接入时，称为时分多址方式（TDMA）；当以传输信号的码型不同来区分信道建立多址接入时，称为码分多址方式（CDMA）。图 1-1-6、图 1-1-7、图 1-1-8 分别给出了 N 个信道的 FDMA、TDMA 和 CDMA 的示意图。

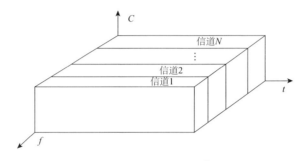

图 1-1-6　FDMA 示意图

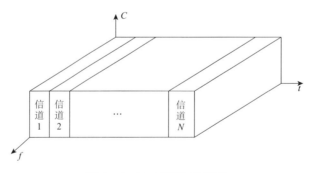

图 1-1-7　TDMA 示意图

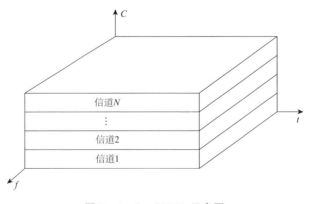

图 1-1-8　CDMA 示意图

频分多址为每一个用户指定了特定信道，这些信道按要求分配给请求服务的用户。在呼叫的整个过程中，其他用户不能共享这一频段。

时分多址是在一个宽带的无线载波上，把时间分成周期性的帧，每一帧再分割成若干时隙（无论帧或时隙都是互不重叠的），每个时隙就是一个通信信道，分配给一个用户。

码分多址系统为每个用户分配了各自特定的地址码，利用公共信道来传输信息。CDMA 系统的地址码相互具有准正交性，以区别地址，而在频率、时间和空间上都可能重叠。系统的接收端必须有完全一致的本地地址码，用来对接收的信号进行相关检测。其他使用不同码型的信号因为和接收机本地产生的码型不同而不能被解调。它们的存在类似于在信道中引入了噪声或干扰，通常称之为多址干扰。

1.1.6 位置登记

一旦移动台选择好了工作小区，下一步就是确定移动台是位置登记（Location Registration）还是位置更新（Location Updating）。

如果是位置登记，移动台以它的 TMSI 等数据向 GSM 网络请求位置登记，网络经过验证后会分派一个 TMSI 代码给移动台。移动台得到 TMSI 后．会将 TMSI 代码存储在 SIM 卡中，以后不论是手机关机还是重新开启，TMSI 都存储在手机的 SIM 卡中。

如果是位置更新，移动台首先确定该工作小区是否是以前登记过的位置区。它从 BCCH 获得位置区信息并将它与存储在 SIM 卡原先登记的位置区进行比较，如果位置区是同一个，移动台就进入空闲模式等待用户发起呼叫或接收来自网络的寻呼。如果位置区不一致，那么它将通知网络数据库存放的该移动台的位置信息不再正确需要更新。在这期间任何对该移动台的呼叫都不会获得成功，因为网络会在该移动台原先登记的小区中发寻呼，由于该移动台不在原先小区，呼叫自然不会成功。这样移动台必须把它的新位置区尽可能快地通知网络，使网络能够更新它的数据库，在以后将呼叫成功地接到该移动台。一旦确认需位置更新，移动台应立即进行位置更新。

需要强调的是，在位置登记中，移动台是以 IMSI 向网络更新位置，而在位置更新中，移动台是以 TMSI 向网络回报信息的。

1.1.7 漫游

漫游指的是一个移动用户到其他城市（或国家/地区）可以得到当地的移动网络的服务，并能自动返回归属地的网络。

国际漫游包括国外用户漫游到中国，中国用户漫游到国外。

1.1.8 切换

自从移动通信领域中引入了蜂窝概念，切换技术就开始出现，并成为移动通信系统中的重要技术之一。切换技术是蜂窝系统所独有的功能，也是移动通信系统的一个关键特征，它直接影响整个系统的性能。

切换是移动通信网络动态支持终端漫游的基本能力。切换管理就是要确保移动终端从一个基站覆盖区域移动到另一个基站覆盖区域时无缝且无损链接。切换包括测量、判断和执行三个过程。

切换的定义：当移动台从一个基站的覆盖范围移动到另一个基站的覆盖范围，通过切换移动台保持与基站的通信。切换从本质上说是为了实现移动环境中数据业务的小区间连续覆盖而存在的，从现象上来看是把接入点从一个区换到另一个区。

切换的目的：保证移动用户通话的连续性，恰当的切换算法有利于降低系统掉话率，增加网络容量。接入期间采用切换主要是为了减少接入失败，提高接入信道工作的可靠性。

切换分为硬切换和软切换。在蜂窝通信实现无缝切换过程中，最早采用的技术是硬切换，这一种切换模式是事实上的切换，其发生于拥有不同频率的基站之间、扇区之间的真实切换，硬切换最为关键的一点是通信的移动台在某一时刻仅仅占用一个无线信道，而非同时占用两个无线信道，其发生切换的过程中，必须与原来的基站脱离任何联系后，才能将其通话跳到另外一个基站上，因此，切换过程可能存在漏话现象，但是由于时间极其短暂，能够实现无缝切换。软切换可以将通信的两条链路及其相关联的数据流在较长的时间内同时被激活，一直到能够进入新基站，测量移动台到新的基站之间的传输质量，判断其是否满足通信要求的指标，如果满足，即可断开其与原来的基站建立的连接。通信过程中，可以从通信网络或者移动台出发，分析同一个数据流在两条链路上同时进行传输，这样既可以保证通信的连续，又可以实现无缝切换的过程，用户没有任何的感知。移动台发生切换的条件是其已经建立了与新基站的链接，只有这样才能够与原来的基站之间的通信释放，因此，软切换过程从逻辑上实现了无缝切换技术，不会对用户的通话产生一点影响。通信系统在进行软切换时，移动台和基站之间采用许多关键技术，比如反响功率控制技术、MIMO 分集技术，可以有效地降低系统掉话和漏话现象，但是软切换存在占用信道资源多、信令传输复杂等缺点，增加了设备的投资。

1.1.9 爱尔兰

话务量等于单位时间的呼叫次数与呼叫的平均占用时长的乘积，单位是 ERL（爱尔兰）。计算公式为 $A = \lambda * S$，A 表示话务量，λ 表示单位时间内发生的平均呼叫数，S 表示呼叫的平均占用时长。

1.1.10 阻塞率

在一个区域，由于经济方面的原因，所提供的链路数往往比电话用户数要少得多。当有人要打电话时，会发现所有链路可能全部处于繁忙状态，我们称这种情况为"阻塞"或"时间阻塞"。提供的链路越多，则系统的阻塞率越小，提供给用户的服务质量就越好，即电话系统的承载能力决定了链路的数目，而链路的数目又决定了系统的阻塞率。

1.2 电波传播特性

1.2.1 无线电波传播方式

电波在不同的地形地貌和移动速度的环境下传播，表现为直射波、反射波、绕射波、折射波、散射波等传播方式。

自由空间（无阻挡物）：视距传播 LOS（line – of – sight）。

反射：当电磁波遇到比波长大得多的物体时，会发生反射。

绕射：当接收机和发射机之间的无线路径被尖利的边缘阻挡时，会发生绕射。

散射：当波穿行的介质中存在小于波长的物体并且单位体积内阻挡体的个数非常巨大时，会发生散射。

1.2.2 无线电波衰落

微波在空间传输中将受到大气效应和地面效应的影响，导致接收机接收的电平随着时间的变化而不断起伏变化，我们把这种现象称为衰落。衰落的大小与气候条件、站距的长短有关。衰落的时间长短不一，程度不一。有的衰落持续时间很短，只有几秒钟，称之为快衰落；有的衰落持续时间很长，几分钟甚至几小时，称之为慢衰落。

从衰落的物理因素来看，可以分成以下几种类型：

吸收衰落。大气中的氧分子和水分子能从电磁波吸收能量，这就导致微波在传播的过程中的能量损耗而产生衰耗。

雨雾引起的散射衰落。由于雨雾中的大小水滴能够散射电磁波的能量，因而造成电磁波的能量损失而产生衰落。

K 型衰落。由于多径传输产生的干涉型衰落，它是由直射波和反射波在到达接收端时，由于行程差，使它们的相位不一样，在叠加时产生的电波衰落。由于这种衰落与行程差有关，而行程差是随大气的折射参数 K 值的变化而变化的，故称为 K 型衰落。这种衰落在水面，湖泊，平滑的地面时显得特别严重。除了地面的反射以外，大气中有时出现的突变层也能对电磁波产生反射和散射，也可以造成电波的多径传输，在接收点产生干涉型衰落。

波导型衰落。由于气象的影响，大气层中会形成不均匀的结构，当电磁波通过这些不均匀层时将产生超折射现象，称为大气波导传播。若微波射线通过大气波导，而收发两点在波导层外，则接收点的电场强度除了有直线波和地面反射波以外，还有"波导层"以外的反射波，形成严重的干扰型衰落，造成通信的中断。

闪烁衰落。对流层中的大气常发生的体积大小不等，无规则的漩涡运动，称为大气湍流。大气湍流形成的不均匀的块式层状物使介电系数与周围的不同。当微波射线射到不均匀的块式层状物上时，将使电波向周围辐射，形成对流层散射。此时接收点也可以接收到多径传来的这种散射波，它们的振幅和相位是随机的，这就使接收点的场强的振幅发生变化，形成快衰落。由于这种衰落是由于多径产生的，因此称之为闪烁衰落。这种衰落持续时间短，电平变化小，一般不会造成通信的中断。

抗衰落技术：

分集接收就是采用两种或两种以上的不同的方法接收同一信号，以减少衰减带来的影响，是一种有效的抗衰落的措施。其基本思想是将接收到的信号分成多路的独立不相关信号，然后将这些不同能量的信号按不同的规则合并起来。分集依目的分可以分为宏观分集（macroscopic）和微观（microscopic）分集。宏观分集是以克服长期衰落为目的的。按信号的传输方式可以分为显分集和隐分集两种。显分集指的是构成明显分集信号的传输方式，多指利用多副天线接收信号的分集。隐分集指的是分集作用含在传输信号中的方式，在接收端利用信号处理技术实现分集，它包括交织编码技术、跳频技术等，一般用在数字移动通信中。显分集包括以下几种：

利用地形无源反射器抵抗衰落。在微波路由设计中，我们可以利用地形地物来阻挡反射波，使反射波不能直接到达接收机，从而达到减少衰落的目的。同时，也可以用无源反射器来改变微波的射线方向，绕开障碍物，达到克服绕射衰落。

极化分集。通过发射端的天线发射两个极化垂直的信号，接收端分集接收，这样可以在一定程度上减少多径的影响。不过，极化会产生 3dB 的衰减。因为发射端必须将能量分到两个不同的极化天线。

角度分集。当工作频率高于 10GHz 时，从发射机到接收机的散射信号产生从不同方向来的互不相关的信号。这样在同一位置有指向不同方向的两个或更多的有向天线能向合成器提供信号，达到克服衰落的目的。

时间分集。即在不同的时间内发相同的信号，接收信号是互不相关的。

空间分集。在接收端架几副高度不同的天线，利用电磁波到达各接收天线的不同行程来减少衰减。这种方法通常应用在大通路的微波干线上。实践表明，分集接收对相位干扰型衰落是非常有效的，但对绕射衰落、雨雾吸收衰落的抵抗作用不明显，这时只有依靠适当改变天线增大发信功率来实现。

频率分集。用两个以上的频率同时传送一个信号，在接收端对不同频率的信号进行合成，利用电磁波在不同频率下的不同行程来减少或消除影响。这种方法效率较好，且只需一副天线，但在频率十分紧张的无线频段，使用效率就显得不太高了。

信道均衡技术。所谓均衡就是接收端的均衡器产生与信道特性相反的特性，用来抵消信道的时变多径传播特性引起的干扰。即通过均衡器消除时间和信道的选择性。它用于解决符号间干扰的问题，适用于信号不可分离多径的条件下，且时延扩展远大于符号的宽度。可分为时域均衡和频域均衡两种。频域均衡指的是总的传输函数满足无失真传输的条件，即校正幅度特性和群时延特性。时域均衡是使总冲击响应满足无码间干扰的条件，数字通信多采用时域均衡，而模拟通信则多采用频域均衡。

1.2.3　路径损耗

路径损耗是由发射功率的辐射扩散及信道的传播特性造成的。显而易见，传播距离越大，辐射扩散越大，路径损耗也越大。假设发送信号功率为 P_t，相应的接收信号功率为 P_r。则定义信道的路径损耗（path loss）为 $P_L \text{dB} = 10\log_{10}\dfrac{P_t}{P_r}\text{dB}$

信道只能衰减信号，所以用分贝表示的路径损耗一般都是非负值。根据不同的信道传播特性，不同的信号传播模型主要有自由空间路径损耗、两径模型（单一的地面反射波在多径效应中起主导作用）、十径模型（两边是建筑物的街道中无线电的传播，由于反射后信号能量衰减，故我们忽略经三次以上反射的路径。又由于街道两边各有一条路径，所以该模型中共有十条路径）、阴影衰落（由发射机和接收机之间的障碍物造成的，这些障碍物以吸收、反射、散射和绕射等方式衰减信号功率，甚至阻断信号。信号在无线信道传播过程当中遇到的障碍物会导致信号衰减，而这些造成信号衰减的因素，如障碍物位置、大小和介电性质一般都是未知的，因此我们只能用统计模型来表示这种随机衰减。最常用的模型是对数正态阴影模型，即发射功率和接收功率之比的分贝值服从正态分布）。

1.2.4 多径效应、阴影效应、多普勒频移

多径效应：无线移动通信是一种变信道，无线通信的特性是信号以电磁波的形式传播，同一个发送站发送的电磁波在传播过程中会遇到很多建筑物、树木、起伏的地形等因素而引起的电波的反射、散射和绕射等，这样在这种充满发射波的传播环境中，到达移动台天线的信号是从许多路径来的众多反射波的合成。由于电波通过各个路径的距离不同，因而各路径来的反射波到达时间不同，相位也不同。不同相位的多个电波在接收端叠加，有时同向叠加而加强，有时反相叠加而减弱。这样，接收信号的幅度将急剧变化，即产生了衰落。这种衰落是由多径引起的，所以称为多径衰落。多径衰落是移动无线通信最基本的特征之一，是影响接收效果的主要因素，包括三个方面：多径传播时延扩展、信号强度的快速衰减和不同路径信号的多普勒频移的变化引起的随机频率调制。

多径传输信道表现为信道的冲击响应是一个随机过程。为了研究信道的实际特性，必须从信道特性的统计分析入手，建立信道的统计分析模型。假设通过多径信道传输一个窄脉冲，则接收信号呈现一个窄脉冲序列。如果反复多次进行窄脉冲探测试验，则接收脉冲的个数、脉冲的幅度、脉冲之间的相对时延都是随机变化的。如果通过不同电波入射角及不同的相对运动速度进行正弦信号的探测试验，则可以发现接收信号不再是一个单频信号，而呈现信号的频扩展特性，而且频扩展特性与电波入射角和相对运动速度密切相关。

阴影效应（Shadow Effect）：在无线通信系统中，移动台在运动的情况下，由于大型建筑物和其他物体对电波的传输路径的阻挡而在传播接收区域上形成半盲区，从而形成电磁场阴影，这种随移动台位置的不断变化而引起的接收点场强中值的起伏变化叫作阴影效应。阴影效应是产生慢衰落的主要原因。

多普勒效应是为纪念奥地利物理学家及数学家克里斯琴·约翰·多普勒（Christian Johann Doppler）而命名的，他于 1842 年首先提出了这一理论，主要内容为：物体辐射的波长因为波源和观测者的相对运动而产生变化。在运动的波源前面，波被压缩，波长变得较短，频率变得较高（蓝移）；在运动的波源后面时，会产生相反的效应。波长变得较长，频率变得较低（红移）；波源的速度越高，所产生的效应越大。根据波红（蓝）移的程度，可以计算出波源循着观测方向运动的速度。

假设原有波源的波长为 λ，波速为 c，观察者移动速度为 v。当观察者走近波源时观察到的波源频率为（$c+v$）/λ，如果观察者远离波源，则观察到的波源频率为（$c-v$）/λ。

对于无线环境来说，由相对运动引起的接收信号频率的偏移称为多普勒频移，与移动用户运动速度成正比。

1.3 干扰和衰落

干扰有杂散干扰、阻塞干扰和互调干扰；衰落分为快衰落和慢衰落；干扰会使无线信

号通信中断，或者信号断断续续不完整。衰落会导致无线信号传输距离缩短。

1.3.1 杂散干扰、阻塞干扰、互调干扰

杂散干扰：一个系统频段外的杂散辐射落入到另外一个系统的接收频段内造成的干扰。杂散干扰直接影响了系统的接收灵敏度，要想减弱杂散干扰的影响，要么在发射机上过滤干扰，要么远离干扰。杂散干扰是由发射机产生的，包括功放产生和放大的热噪声、系统的互调产物，以及接收频率范围内收到的其他干扰。

阻塞干扰：当一个较大干扰信号进入接收机前端的低噪放大器时，由于低噪放大器的放大倍数是根据放大微弱信号所需要的整机增益来设定的，强干扰信号电平在超出放大器的输入动态范围后，可能将放大器推入到非线性区，导致放大器对有用的微弱信号的放大倍数降低，甚至完全抑制，从而严重影响接收机对微弱信号的放大能力，影响系统的正常工作。在多系统设计时，只要保证到达接收机输入端的强干扰信号功率不超过系统指标要求的阻塞电平，系统就可以正常工作。

互调干扰：是两个或多个信号作用在通信设备的非线性器件上，产生同样有用信号频率相近的频率，从而对通信系统构成干扰的现象。在移动通信系统中产生的互调干扰主要有发射机互调、接收机互调及外部效应引起的互调。

1.3.2 常用的抗干扰、抗衰落技术

一、抗干扰技术

移动通信常用的抗干扰技术包括调频技术、扩频技术、高频自适应技术和虚拟天线技术。

（一）跳频技术

跳频技术对无线通信抗干扰有重要的作用，是常用的技术之一，是通过一定的规律和速度进行来回的跳动的无线通信技术干扰手段，具有规律性和速度性，其能在利用多频率频移键控进行码序列选择的情况下，努力保持载波频率不断地发生跳变，最后实现频谱扩展。跳频技术具有以下特点：调速与无线通信跳频系统的性能成正比，调速越高其无线通信跳频系统的性能就越好，调速越低则无线通信跳频系统的性能就越差；跳频宽度和无线通信系统的抗干扰性能也成正比，跳频带宽越宽就说明无线通信系统的抗干扰性能越好，跳频带宽越窄则说明无线通信系统的抗干扰性能就越差。

（二）扩频技术

扩频技术在无线通信系统中是通过减少电磁的干扰来达到抗干扰的目的，利用波状形的合成噪声的方法来减轻干扰。直接序列扩频技术在扩频技术中使用的较多，其工作原理是利用噪声环境对干扰信号进行传播，扩展无线通信信号频带，降低或保持功率谱密度。

（三）高频自适应技术

高频自适应技术的核心在于自适应，就是能够对不同的环境进行自身内在的调整，即对通信条件的变化作出正确的反应，包括自适应均衡、分集自适应以及自适应调零天线等，这些技术都是在不同的环境下采用的。高频自适应技术在实际操作中要进行实时的观察，观察频率并根据实际情况来选择频率，使其一直在执行抗干扰工作。

（四）虚拟天线技术

虚拟天线技术是在实践中产生的最先进的抗干扰技术，利用虚拟的天线来代替实际需要的天线，使其他装备的通天线互相产生作用，在同一区域内实现虚拟天线的作用，减少干扰。

二、抗衰落技术

移动通信常用的抗衰落技术包括分集接收技术、均衡技术、信道编码技术和扩频技术。

（一）分集技术

由于分集技术接收的信号涉及时间、空间和频率，所以根据所涉及的资源的不同可划分为时间分集、空间分集和频率分集，以此对应实现自身的功能。

时间分集是将同一信号在不同时间区间多次重发，只要各次发送时间间隔足够大，则各次发送时间间隔出现的衰落将是相互独立统计的。时间分集正是利用这些衰落在统计上互不相关的特点，即时间上衰落统计特性上的差异，来实现抗时间选择性衰落的功能。

空间分集是指，当使用两个接收信道时，它们受到的衰落影响是不相关的，且二者在同一时刻经受深衰落谷点影响的可能性也很小，因此这一设想引出了利用两副接收天线，独立地接收同一信号，再合并输出，衰落的程度能被大大地减小。空间分集是利用场强随空间的随机变化实现的，空间距离越大，多径传播的差异就越大，所接收场强的相关性就越小。

空间分集分为空间分集发送和空间分集接收两个系统。其中空间分集接收是在空间不同的垂直高度上设置几副天线，同时接收一个发射天线的微波信号，然后合成或选择其中一个强信号，这种方式称为空间分集接收。接收端天线之间的距离应大于波长的一半，以保证接收天线输出信号的衰落特性是相互独立的，也就是说，当某一副接收天线的输出信号很低时，其他接收天线的输出则不一定在这同一时刻也出现幅度低的现象，经相应的合并电路从中选出信号幅度较大、信噪比最佳的一路，得到一个总的接收天线输出信号。这样就降低了信道衰落的影响，改善了传输的可靠性。

（二）均衡技术

数字通信系统中，由于多径传输、信道衰落等影响，在接收端会产生严重的码间干扰，增大误码率。为了克服码间干扰，提高通信系统的性能，在接收端需采用均衡技术。均衡是指对信道特性的均衡，即接收端的均衡器产生与信道特性相反的特性，用来减小或消除因信道的时变多径传播特性引起的码间干扰。

均衡技术可以分为线形均衡和非线性均衡。如果接收信号经过均衡后，再经过判决器的输出被反馈给均衡器，并改变了均衡器的后续输出，那么均衡器就是非线性的，否则就是线性的。

（三）信道编码技术

数字信号在传输中往往由于各种原因，使得在传送的数据流中产生误码，从而使接收端产生图象跳跃、不连续、出现马赛克等现象。所以通过信道编码这一环节，对数码流进行相应的处理，使系统具有一定的纠错能力和抗干扰能力，可极大地避免码流传送中误码的发生。提高数据传输效率，降低误码率是信道编码的任务，信道编码的本质是增加通信的可靠性。误码的处理技术有纠错、交织、线性内插等。常用的信道编码技术包括分组码、卷积码、Turbo 码、RS 编码、交织等。

（四）扩频技术

它是一种信息传输方式，其信号所占有的频带宽度远大于所传信息必需的最小带宽；频带的展宽是通过编码及调制的方法实现的，并与所传信息数据无关；在接收端则用相同的扩频码进行相关解调来解扩及恢复所传信息数据。由于扩频调制使信号抗干扰能力强且隐蔽性好，最初用于军事通信，后来由于其高频谱效率带来的高经济效益而被应用到民用通信，移动通信的码分多址就是建立在扩频通信的基础上，而且能有效地抑制窄带干扰。

1.4　天馈系统

天馈系统是无线网络规划和优化中关键的一环，包含天线和与之相连传输信号的馈线。天馈系统的各种工程参数在进行网络优化和规划时的设计是影响网络质量的根本因素。

1.4.1　天线参数

当导线载有交变电流时，就可以形成电磁波的辐射，辐射的能力与导线的长短和形状有关。在理论上，如果导线无限小时，就形成线电流元，线电流元又被称为基本电振子。在天线理论中，分析往往都是从基本电振子开始的，因为任何长度的天线都可以分解为许多无限小的线电流元；而这些天线的辐射场强就是线电流元的场强叠加，因此，天线的辐射能力是随着天线的长度变化而变化的。

根据麦克斯韦方程，考虑线电流元远区场（辐射区）的情况。当两根导线的距离很接近时，两根导线所产生的感应电动势几乎可以抵消，因此此时产生的总的辐射变得微弱。但如果将两根导线张开时，由于两根导线的电流方向相同，由两根导线所产生的感应电动势方向也相同，因而此时产生的辐射较强。当导线的长度远小于产生的电磁波的波长时，导线的电流很小，因而所产生的辐射也很微弱；而当导线的长度增大到可与波长相比拟时，导线上的电流就显著增加，此时就能形成较强的辐射。我们把能产生较强辐射的直导线称为振子。当两根导线的粗细和长度相等时，这样的振子叫作对称振子。当振子的每臂长度为四分之一波长，全长为二分之一波长时，称为半波对称振子。振子的全长与波长相等的振子，称为全波对称振子。将振子折合起来的，称之为折合振子。对称振子是工程中用到的最简单的天线，它可以作为独立的天线使用，也可以作为复杂天线阵的组成部分或面天线的馈源。对称振子的方向性比基本电振子强一些，但仍然很弱。因此，为了加强某一方向的辐射强度，往往要把好几副天线摆在一起构成天线阵。在移动通信系统中，我们采用的就是各种类型的天线阵。

在实际的工程中，我们往往需要天线只接受或只向某一个方向发射。因此，我们需要各种各样的具有方向性的天线。天线的方向性就是指天线向一定方向辐射电磁波的能力。

对于接收天线而言，方向性表示天线对不同方向传来的电波所具有的接收能力。天线的方向性的特性曲线通常用方向图来表示，如下图1-4-1所示，这就是工程意义上的典型的方向图。方向图又分为水平方向图和垂直方向图两种。

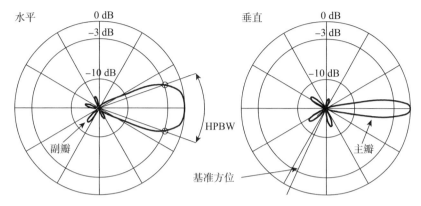

图1-4-1　水平方向图、垂直方向图

方向图可用来说明天线在空间各个方向上所具有的发射或接收电磁波的能力。那么，天线的辐射方向是如何被控制的呢？我们了解到最简单的天线系统是对称振子，对称振子具有"面包圈"形的方向图。实际工程中，为了把信号集中到所需要的地方，我们往往要求把"面包圈"压成扁平的形状，以此达到更集中的能量输出。而对称振子组阵能达到这一效果，增强能量的方向性。当对称振子组阵将辐射能控制成"扁平的面包圈"形状后，在水平方向的能量就大大增加，增加的能量称为"天线的增益"。由此引出增益的概念。

增益是指在输入功率相等的条件下，实际天线与理想的辐射单元在空间同一点处所产生的场强的平方之比，即功率之比。增益一般与天线方向图有关，方向图主瓣越窄，后瓣、副瓣越小，增益越高。为了将能量更加集中，可把辐射能控制聚焦到一个方向，达到扇形覆盖的效果，可以将反射面放在阵列的一边构成扇形覆盖天线。在扇形覆盖天线中，反射面把功率聚焦到一个方向进一步提高了增益。这里，"扇形覆盖天线"与单个对称振子相比的增益为 $10\log_{10}$（8mW/1mW）= 9dB。

天线所产生的电磁波，在远处接收点处的局部范围内可视为平面波，该平面波按极化可分为线极化波、椭圆极化波或圆极化波。相应产生这些极化波的天线分别称为线极化天线、椭圆极化天线或圆极化天线。天线的极化方向就是天线辐射的电磁场的电场方向。

在接受天线端，当来波的极化方向与接收天线的极化方向不一致时，在接收过程中通常都要产生极化损失，例如：当用圆极化天线接收任一线极化波，或用线极化天线接收任一圆极化波时，都要产生3dB的极化损失，即只能接收到来波的一半能量。因此，当接收天线的极化方向（例如水平或右旋圆极化）与来波的极化方向（相应为垂直或左旋圆极化）完全正交时，接收天线也就完全接收不到来波的能量，这时称来波与接收天线极化是隔离的。

在方向图中通常都有两个瓣或多个瓣，其中最大的瓣称为主瓣，其余的瓣称为副瓣。主瓣两半功率点间的夹角定义为天线方向图的波瓣宽度，称为半功率瓣宽，也称为半功率角。主瓣瓣宽越窄，则方向性越好，抗干扰能力越强。

方向图中，前后瓣最大电平之比称为前后比。前后比大，天线定向接收性能就好。基本半波振子天线的前后比为1，所以对来自振子前后的相同信号电波具有相同的接收能力。

天线的分集技术被广泛应用于对付移动通信系统中的衰落。如前一节所述，多径效应引起的快衰落往往会降低话音质量，为了保障通话质量就要有衰落储备，也就是接收电平的冗余量，接收质量要求越高，衰落储备也就越高。如果不采用分集技术的话，发射机就必须提高功率电平以满足衰落储备的要求。在移动通信中，由于上行链路受到移动台终端电池容量的限制，因此就采用基站分集技术来降低对移动台功率的要求，分为空间分集和极化分集。

空间分集。通常基站天线都是一发两收所组成，也有互为收发（两根天线）的。分集接受由两根相距一定距离的接受天线共同接受信号来实现。两根接收天线距离的大小由两路接受信号的相关性来决定。一般来讲，两天线间隔距离越大，两接收信号的相关系数越小。而最佳的接受方向是与两分集天线所在平面的垂直方向。对于目前我国市区的情况，其小区半径若在3km左右，基站天线在30m左右，则采用相距3m的分集天线来克服多径衰落。空间分集又分为水平分集和垂直分集两种，通常要获得相同的相关系数，垂直距离应当为水平距离的5倍。因此，目前一般采用水平分集来增加3dB的增益。由于受到天线铁塔平台的空间限制，因此空间分集实施的工程难度较大。

极化分集。在移动通信中，很少产生完全垂直的极化波；此外，多径环境也会使传播的电磁波方向发生随机变化，称为去极化相应。因此，倘若采用接收极化分集就会对这些不良影响产生较好的改善效果。极化分集是通过极化分集天线（双极化天线）来实现的。双极化天线一般是在极化平面上由两个互相垂直（正交）的半波振子所构成的交叉振子天线。这两个互相垂直的天线可以合成在同一个天线单元体内，这意味着如采用收发共用，则每个扇区只需要一根天线。双极化天线有正交和45°两种极化方式，正交极化方向天线的两个接受信号的相关系数为0，45°极化方向天线的接收信号的相关系数为0.3。极化分集工程实施简单，但在下行链路上由于信号功率要分路，因此有3dB的损耗。

这两种分集方式按性质来讲都属于微分集技术，微分集技术只利用接收机进行分集，接受同一发射点发射的同一信号，对于改善多径效应带来的瑞利衰落作用突出，但对于阴影效应引起的慢衰落作用不大。要克服这些阴影效应，可以采用宏分集的方法（也称为基站分集），它允许移动台同时链接到不同的基站上，同时接受几个基站来的信号和同时发给几个基站信号。

为使波束指向朝向地面，需要天线下倾。一般天线有两种下倾：机械下倾和电下倾。机械下倾是利用天线系统的硬件结构调整安装螺母使天线不再垂直安装，而是下倾指向地面。这种天线在调试下倾角时必须注意，因为这会干扰小区覆盖形状并且可能发生无法预计的反射；另一种电下倾是利用相控阵天线原理，采用赋形波束技术，调整天线各单元的相位，使综合后的天线波形近似于余割平方函数而产生下倾的效果。这种天线的安装是垂直的、但天线的波束是指向地面的。在现场使用中，这两种天线都有，有些还是机械加电子下倾，所以一定要辨明天线型号，区别对待。

天线和馈线的连接端，即馈电点两端感应的信号电压与信号电流之比，称为天线的输入阻抗。输入阻抗有电阻分量和电抗分量。输入阻抗的电抗分量会减少从天线进入馈线的有效信号功率。因此，必须使电抗分量尽可能为零，使天线的输入阻抗为纯电阻。输入阻抗与天线的结构和工作波长有关。

无论是发射天线还是接收天线，它们总是在一定的频率范围内工作的，通常，工作在中心频率时天线所能输送的功率最大，偏离中心频率时它所输送的功率都将减小，据此可定义天线的频率带宽。在移动通信系统中是指在规定的驻波比下天线的工作频带宽度。

1.4.2　天线种类、选型的一般原则

在移动通信系统中，可以将天线进行简单的分类：如全向天线、定向天线、特殊天线、多天线系统。全向天线的增益一般为 6～9dbd（大多为 11dbi），它的半功率角度为 360°，通常用于覆盖农村和郊区；定向天线的典型增益为 9～16dbd（大多为 18dbi），定向天线做成的小区为扇形小区，可以改善覆盖并降低干扰。定向天线的方位角半功率角通常有 60°和 120°，由它构成的扇形小区是最常用的布网方式；特殊天线用于特殊场合，如室内、隧道等，通常有分布式天线系统、同轴电缆等；多天线系统是许多单独天线形成一合成辐射方向。这种系统最简单的应用是在天线塔上装两个方向的天线，通过功率分配器馈电目的是为了加大小区覆盖范围，但得到的空间分集非常复杂，一般用于农村地区不能使用全向天线的地方。

1.4.3　天馈常见的故障及处理

天馈系统常见故障有进水、短路（开路）、打火、电压驻波比过大等几个方面。

进水是天馈系统最常见的故障。故障现象是电子管发射机雨后掉高压，驻波比过大保护，全固态发射机雨后工作不稳定，输出功率下降，有时会烧毁吸收负载。经常进水的部位有功分器、分馈线接头、主馈管、发射天线等。主要原因是接头、馈电点密封胶老化、密封不严或有地方迸裂。

短路故障一般是进水造成的，开路故障一般是短路后发热烧坏的。但也有其他情况，比如分馈线老化或过细、馈线弯曲度过大、接头进异物等，都有可能引起天馈的短路和开路现象。

打火故障主要反映在画面上，轻微时闪烁横细线，严重时闪烁横宽明条。打火一般有两种原因引起，一是分馈线、天线老化或进入异物，造成绝缘程度降低导致击穿打火；二是接头处接触不良，造成打火。击穿打火可用摇表摇出，接触不良打火则不能摇出。在实际工作中，以接触不良引起的打火故障较多。

以上讲述的各种原因都能引起驻波比过大故障，关键是如何通过测量驻波比区别出是哪类故障，查出故障点的位置。天线匹配的测量通常有两种方法，一是测量天线电压驻波比，二是测量天线系统的反射损耗。反射损耗测量比较精确，一般用于机器指标测试；电压驻波比测量比较直观，可以判断故障点位置，一般用于维修调试。

1.5　室内分布与直放站原理

室内分布是针对室内用户群，用于改善建筑物内移动通信环境的一种解决方案，近几

年在全国各地的移动通信运营商中得到了广泛应用。其原理是利用室内天线分布系统将移动基站的信号均匀分布在室内每个角落，从而保证室内区域拥有理想的信号覆盖。室内分布系统的建设，可以较为全面地改善建筑物内的通话质量，提高移动电话接通率，开辟出高质量的室内移动通信区域，从整体上提高移动网络的服务水平。

随着城市里移动用户的飞速增加以及高层建筑越来越多，话务密度和覆盖要求也不断上升。这些建筑物规模大、质量好，对移动电话信号有很强的屏蔽作用。在大型建筑物的低层、地下商场、地下停车场等环境下，移动通信信号弱，手机无法正常使用，形成了移动通信的盲区和阴影区；在中间楼层，由于来自周围不同基站信号的重叠，产生乒乓效应，手机频繁切换，甚至掉话，严重影响了手机的正常使用；在建筑物的高层，由于受基站天线的高度限制，无法正常覆盖，也是移动通信的盲区。另外，在有些建筑物内，虽然手机能够正常通话，但是用户密度大，基站信道拥挤，手机上线困难。网络覆盖、网络容量、网络质量从根本上体现了移动网络的服务水平，是所有移动网络优化工作的主题。室内覆盖系统正是在这种背景之下产生的。

一、室内分布系统

室内分布系统主要由信号源和信号分布系统两部分组成，分为如下几种方式。

（一）无源天馈分布方式

通过无源器件和天线、馈线，将信号传输和分配到室内所需环境，以得到良好的信号覆盖。用于中小型地区。

（二）有源分布方式

通过有源器件（有源集线器、有源放大器、有源功分器、有源天线等）和天馈线进行信号放大和分配。

（三）光纤分布方式

主要利用光纤来进行信号分布。适合分散型室内环境的主路信号的传输。

（四）泄漏电缆分布方式

信号源通过泄漏电缆传输信号，并通过电缆外导体的一系列开口，在外导体上产生表面电流，从而在电缆开口处横截面上形成电磁场，这些开口就相当于一系列的天线起到信号的发射和接收作用。它适用于隧道、地铁、长廊等地形。

二、室内分布技术方案

实现室内分布主要有三种技术方案。

（一）微蜂窝有线接入方式

以室内微蜂窝系统作为室内分布系统的信号源，即有线接入方式。适用于覆盖范围较大且话务量相对较高的建筑物内，在市区中心使用较多，用于解决覆盖和容量问题。改善高话务量地区的室内信号覆盖，与宏蜂窝方式相比，微蜂窝方式是较好的室内系统解决方案。微蜂窝方式的通话质量比宏蜂窝方式要高出许多，对宏蜂窝无线指标的影响甚小，并且具有增加网络容量的效果。但微蜂窝在室内使用时，受建筑物结构的影响，使其覆盖受到很大限制。对于大型写字楼等，如何将信号最大限度、最均匀地分布到室内每一个地方，是网络优化所要考虑的关键。而且微蜂窝方式成本较为昂贵，需要进行频率规划，需要增建传输系统，网络优化工作量大。因此，对微蜂窝接入方式的选取，需要综合权衡移动网络和运营商的多方面因素。

（二）宏蜂窝无线接入方式

以室外宏蜂窝作为室内分布系统的信号源，即无线接入方式。适用于低话务量和较小面积的室内分布，其中农村及市郊外等偏远地区使用较多。宏蜂窝方式的主要优势在于成本低、工程施工方便，并且占地面积小；其弱势在于对宏蜂窝无线指标尤其是掉话率的影响比较明显。目前，采用选频直放站并增加宏蜂窝的小区切换功能可以缓解这一矛盾，当对应的宏蜂窝频率发生变化时，对直放站选频模块需要做相应调整。

（三）直放站（Repeater）

在室外基站存在富余容量的情况下，通过直放站将室外信号引入室内的覆盖盲区。利用微蜂窝解决室内问题也存在很大的局限性。建设微蜂窝的设备投入与工程周期都较大，只适合在话务量集中的高档会议厅或商场使用。在这种情况下，直放站以其灵活简易的特点成为解决简单问题的重要方式。直放站不需要基站设备和传输设备，安装简便灵活，设备型号也丰富多样，在移动通信中扮演越来越重要的角色。移动通信直放站是对移动通信信号直接放大的一种同频中继站。它不改变原信号的频率，也不对信号所携带的信息做任何处理。当然它会引起一些波形畸变和相位偏移。在正常情况下这对通信没有明显的影响，但这也正是直放站要避免的问题，要尽量使波形畸变更小和相位偏移更小。

直放站的工作原理是施主天线（或通过电缆）接收基站下行信号，然后通过环形双工器送入下行滤波器，下行滤波器将滤除下行信号中的部分带外噪声。之后下行信号进入下行低噪放，下行低噪放具有抑制带内噪声，提升有用信号电平的功能。低噪放具有 60dB 的增益。低噪放的输出再通过下行滤波器滤除带外噪声后由下行功放放大。如果信号不经滤波器、下行低噪放而直接进入功放放大，则噪声也会一起被放大，导致波形畸变严重，信号误码率上升，通信效果变差。

2 LTE 网络技术

2.1 LTE 主要指标和需求

3GPP 要求 LTE 支持的主要指标和需求如图 2 - 1 - 1 所示。

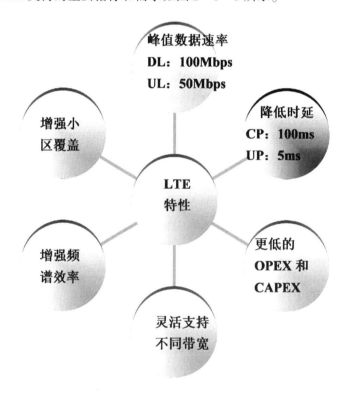

图 2 - 1 - 1 LTE 主要指标和需求概括

2.1.1 峰值数据速率

下行链路的瞬时峰值数据速率在 20MHz 下行链路频谱分配的条件下，可以达到 100Mbps（5 bps/Hz）（网络侧 2 发射天线，UE 侧 2 接收天线条件下）；上行链路的瞬时峰值数据速率在 20MHz 上行链路频谱分配的条件下，可以达到 50Mbps（2.5 bps/Hz）（UE 侧 1 发射天线情况下）。宽频带、MIMO、高阶调制技术都是提高峰值数据速率的关键所在。

2.1.2 控制面延迟

从驻留状态到激活状态，也就是类似于从 Release 6 的空闲模式到 CELL_ DCH 状态，控制面的传输延迟时间小于 100ms，这个时间不包括寻呼延迟时间和 NAS 延迟时间；

从睡眠状态到激活状态，也就是类似于从 Release 6 的 CELL_ PCH 状态到 CELL_ DCH 状态，控制面传输延迟时间小于 50ms，这个时间不包括 DRX 间隔。

另外控制面容量频谱分配是 5MHz 的情况下，期望每小区至少支持 200 个激活状态的用户。在更高的频谱分配情况下，期望每小区至少支持 400 个激活状态的用户。

2.1.3 用户面延迟

用户面延迟定义为一个数据包从 UE/RAN 边界节点的 IP 层传输到 RAN 边界节点/UE 的 IP 层的单向传输时间。这里所说的 RAN 边界节点指的是 RAN 和核心网的接口节点。在"零负载"（即单用户、单数据流）和"小 IP 包"（即只有一个 IP 头、而不包含任何有效载荷）的情况下，期望的用户面延迟不超过 5ms。

2.1.4 频谱效率

下行链路：在一个有效负荷的网络中，LTE 频谱效率（用每站址、每赫、每秒的比特数衡量）的目标是 R6 HSDPA 的 3 ~ 4 倍。此时 R6 HSDPA 是 1 发 1 收，而 LTE 是 2 发 2 收。上行链路：在一个有效负荷的网络中，LTE 频谱效率（用每站址、每赫、每秒的比特数衡量）的目标是 R6 HSUPA 的 2 ~ 3 倍。此时 R6 HSUPA 是 1 发 2 收，LTE 也是 1 发 2 收。

2.1.5 移动性

E – UTRAN 能为低速移动（0 ~ 15km/h）的移动用户提供最优的网络性能，能为 15 ~ 120km/h 的移动用户提供高性能的服务，对 120 ~ 350km/h（甚至在某些频段下，可以达到 500km/h）速率移动的移动用户能够保持蜂窝网络的移动性。

2.1.6 覆盖

E – UTRA 系统应该能在重用目前 UTRAN 站点和载频的基础上灵活地支持各种覆盖场景，实现上述用户吞吐量、频谱效率和移动性等性能指标。E – UTRA 系统在不同覆盖范围内的性能要求如下：

（1）覆盖半径在 5km 内：上述用户吞吐量、频谱效率和移动性等性能指标必须完全满足；

（2）覆盖半径在 30km 内：用户吞吐量指标可以略有下降，频谱效率指标可以下降、但仍在可接受范围内，移动性指标仍应完全满足；

（3）覆盖半径最大可达 100km。

2.1.7 频谱灵活性

频谱灵活性一方面支持不同大小的频谱分配，譬如 E – UTRA 可以在不同大小的频谱中部署，包括 1.4MHz、3MHz、5MHz、10MHz、15MHz 以及 20MHz，支持成对和非成对频谱。频谱灵活性另一方面支持不同频谱资源的整合（diverse spectrum arrangements）。

2.2 LTE 网络原理

2.2.1 LTE 系统架构

LTE 采用了与 2G、3G 均不同的空中接口技术，即基于 OFDM 技术的空中接口技术，并对传统 3G 的网络架构进行了优化，采用扁平化的网络架构，亦即接入网 E – UTRAN 不再包含 RNC，仅包含节点 eNB，提供 E – UTRA 用户面 PDCP/RLC/MAC/物理层协议的功能和控制面 RRC 协议的功能。E – UTRAN 的系统结构如图 2 – 2 – 1 所示。

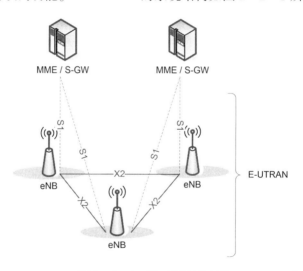

图 2 – 2 – 1　E – UTRAN 结构

eNB 之间由 X2 接口互连，每个 eNB 又和演进型分组核心网 EPC 通过 S1 接口相连。S1 接口的用户面终止在服务网关 S – GW 上，S1 接口的控制面终止在移动性管理实体 MME 上。控制面和用户面的另一端终止在 eNB 上。新的 LTE 架构中，没有了原有的 Iu 和 Iub 以及 Iur 接口，取而代之的是新接口 S1 和 X2。图 2 – 2 – 1 中各网元节点的功能划分如下：

eNB 功能：

LTE 的 eNB 除了具有原来 NodeB 的功能之外，还承担了原来 RNC 的大部分功能，包括有物理层功能、MAC 层功能（包括 HARQ）、RLC 层（包括 ARQ 功能）、PDCP 功能、RRC 功能（包括无线资源控制功能）、调度、无线接入许可控制、接入移动性管理以及小区间的无线资源管理功能等。

MME 功能：

MME 是 SAE 的控制核心，主要负责用户接入控制、业务承载控制、寻呼、切换控制等控制信令的处理。MME 功能与网关功能分离，这种控制平面/用户平面分离的架构，有助于网络部署、单个技术的演进以及全面灵活的扩容。

S – GW 功能：

S – GW 作为本地基站切换时的锚定点，主要负责以下功能：在基站和公共数据网关之间传输数据信息；为下行数据包提供缓存；基于用户的计费等。

PDN 网关（P – GW）功能：

公共数据网关 P – GW 作为数据承载的锚定点，提供以下功能：包转发、包解析、合法监听、基于业务的计费、业务的 QOS 控制，以及负责和非 3GPP 网络间的互联等。

E – UTRAN 和 EPC 的功能划分可以从 LTE 在 S1 接口的协议栈结构图来描述，具体如图 2 – 2 – 2。

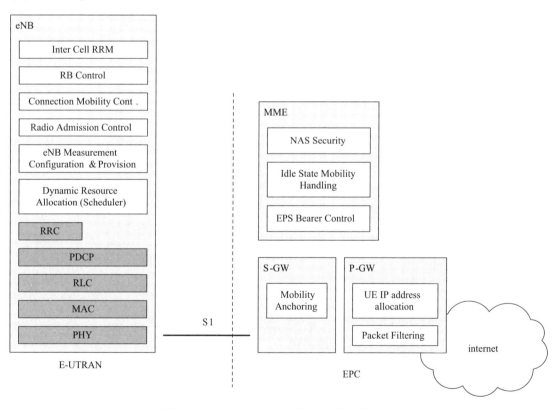

图 2 – 2 – 2 E – UTRAN 和 EPC 的功能划分

2.2.2 LTE 网络物理层

一、帧结构 LTE 支持两种类型的无线帧结构

类型 1，适用于 FDD 模式。

类型 2，适用于 TDD 模式。帧结构类型中每一个无线帧长度为 10ms，分为 10 个等长度的子帧，每个子帧又由 2 个时隙构成，每个时隙长度均为 0.5ms。

帧结构类型 1 对于 FDD，在每一个 10ms 中，有 10 个子帧可以用于下行传输，并且有 10 个子帧可以用于上行传输。上下行传输在频域上进行分开。

二、物理资源

LTE 上下行传输使用的最小资源单位叫作资源粒子（Resource Element，RE）。LTE 在进行数据传输时，将上下行时频域物理资源组成资源块（Resource Block，RB），作为物理资源单位进行调度与分配。一个 RB 由若干个 RE 组成，在频域上包含 12 个连续的子载波、在时域上包含 7 个连续的 OFDM 符号（在 Extended CP 情况下为 6 个），即频域宽度为 180kHz，时间长度为 0.5ms。

三、物理信道

（一）下行物理信道

物理广播信道 PBCH；

物理控制格式指示信道 PCFICH；

物理下行控制信道 PDCCH；

物理 HARQ 指示信道 PHICH；

物理下行共享信道 PDSCH；

物理多播信道 PMCH。

（二）上行物理信道

物理上行控制信道 PUCCH；

物理上行共享信道 PUSCH；

物理随机接入信道 PRACH。

四、物理信号

物理信号对应物理层若干 RE，但是不承载任何来自高层的信息。下行物理信号包括参考信号（reference signal）和同步信号（synchronization signal）。下行参考信号包括下面 3 种：

小区特定（Cell - specific）的参考信号，与非 MBSFN 传输关联。

MBSFN 参考信号，与 MBSFN 传输关联。

UE 特定（UE - specific）的参考信号同步信号包括下面 2 种：

主同步信号（primary synchronization signal）；

辅同步信号（secondary synchronization signal）。

对于 FDD，主同步信号映射到时隙 0 和时隙 10 的最后一个 OFDM 符号上，辅同步信号则映射到时隙 0 和时隙 10 的倒数第二个 OFDM 符号上。上行物理信号包括有参考信号（reference signal）。参考信号上行链路支持两种类型的参考信号：

解调用参考信号（demodulation reference signal）：与 PUSCH 或 PUCCH 传输有关；

探测用参考信号（sounding reference signal）：与 PUSCH 或 PUCCH 传输无关。

解调用参考信号和探测用参考信号使用相同的基序列集合。

五、物理层同步过程

小区搜索 UE 通过小区搜索过程来获得与一个小区的时间和频率同步，并检测出该小区的小区 ID。E－UTRA 小区搜索基于主同步信号、辅同步信号、以及下行参考信号完成。

定时同步（timing synchronisation）包括无线链路监测（radio link monitoring）、小区间同步（inter－cell synchronisation）、发射定时调整（transmission timing adjustment）等。

功率控制：

下行功率控制决定每个资源粒子的能量（energy per resource element，EPRE）。资源粒子能量表示插入 CP 之前的能量。资源粒子能量同时表示应用的调制方案中所有星座点上的平均能量。上行功率控制决定物理信道中一个 DFT－SOFDM 符号的平均功率。

上行功率控制（uplink power control）：上行功率控制控制不同上行物理信道的发射功率。

下行功率分配（downlink power allocation）：eNB 决定每个资源粒子的下行发射能量。随机接入过程在非同步物理层随机接入过程初始化之前，物理层会从高层收到以下信息：随机接入信道参数（PRACH 配置，频率位置和前导格式）；用于决定小区中根序列码及其在前导序列集合中的循环移位值的参数［根序列表格索引，循环移位，集合类型（非限制集合或限制集合）］；

从物理层的角度看，随机接入过程包括随机接入前导的发送和随机接入响应。被高层调度到共享数据信道的剩余消息传输不在物理层随机接入过程中考虑。物理层随机接入过程包括如下步骤：

（1）由高层通过前导发送请求来触发物理层过程。

（2）高层请求中包括前导索引（preamble index），前导接收功率目标值（PREAMBLE_ RECEIVED_ TARGET_ POWER），对应的随机接入无线网络临时标识（RA－RNTI），以及 PRACH 资源。

（3）确定前导发射功率：PPRACH = min $\{P_{max}$, PREAMBLE_ RECEIVED_ TARGET_ POWER + PL$\}$，其中 P_{max} 表示高层配置的最大允许功率，PL 表示 UE 计算的下行路损估计。

（4）使用前导索引在前导序列集中选择前导序列。

（5）使用选中的前导序列，在指示的 PRACH 资源上，使用传输功率 PPRACH 进行一次前导传输。

（6）在高层控制的随机接入响应窗中检测与 RA－RNTI 关联的 PDCCH。如果检测到，对应的 PDSCH 传输块将被送往高层，高层解析传输块，并将 20 比特的 UL－SCH 授权指示给物理层。

六、MAC 子层 MAC 子层的主要功能

逻辑信道与传输信道之间的映射；

MAC 业务数据单元（SDU）的复用/解复用；

调度信息上报；

通过 HARQ 进行错误纠正；

同一个 UE 不同逻辑信道之间的优先级管理；

通过动态调度进行的 UE 之间的优先级管理；

传输格式选择；

填充。

七、RLC 子层的主要功能

上层 PDU 传输；

通过 ARQ 进行错误修正（仅对 AM 模式有效）；

RLC SDU 的级联，分段和重组（仅对 UM 和 AM 模式有效）；

RLC 数据 PDU 的重新分段（仅对 AM 模式有效）；

上层 PDU 的顺序传送（仅对 UM 和 AM 模式有效）；

重复检测（仅对 UM 和 AM 模式有效）；

协议错误检测及恢复；

RLC SDU 的丢弃（仅对 UM 和 AM 模式有效）；

RLC 重建。

2.2.3 PDCP 子层用户面的主要功能

头压缩与解压缩：只支持 ROHC 算法；

用户数据传输；

RLC AM 模式下，PDCP 重建过程中对上层 PDU 的顺序传送；

RLC AM 模式下，PDCP 重建过程中对下层 SDU 的重复检测；

RLC AM 模式下，切换过程中 PDCP SDU 的重传；

加密、解密；

上行链路基于定时器的 SDU 丢弃功能。

2.2.4 RRCRRC 的主要功能

NAS 层相关的系统信息广播；

AS 层相关的系统信息广播；

寻呼；

UE 和 E－UTRAN 间的 RRC 连接建立、保持和释放；

包括密钥管理在内的安全管理；

建立、配置、保持和释放点对点 RB；

移动性管理，包括：

针对小区间和 RAT 间移动性的 UE 测量上报和上报控制；

切换；

UE 小区选择和重选，以及小区选择和重选控制；

切换过程中的上下文转发。

MBMS 业务通知；

为 MBMS 业务建立、配置、保持和释放 RB；

QoS 管理功能；

UE 测量上报及上报控制；

NAS 直传消息传输。

2.2.5　LTE 核心网接口及协议

一、控制面协议结构

控制面协议结构如图 2 - 2 - 3 所示。

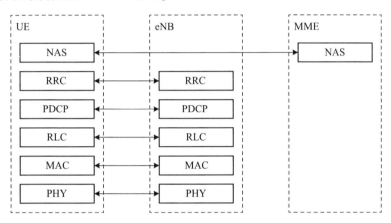

图 2 - 2 - 3　控制面协议结构

PDCP 在网络侧终止于 eNB，需要完成控制面的加密、完整性保护等功能。RLC 和 MAC 在网络侧终止于 eNB，在用户面和控制面执行功能没有区别。RRC 在网络侧终止于 eNB，主要实现广播、寻呼、RRC 连接管理、RB 控制、移动性功能、UE 的测量上报和控制功能。NAS 控制协议在网络侧终止于 MME，主要实现 EPS 承载管理、鉴权、ECM（EPS 连接性管理）idle 状态下的移动性处理、ECM idle 状态下发起寻呼、安全控制功能。

二、用户面协议结构

用户面 PDCP、RLC、MAC 在网络侧均终止于 eNB，主要实现头压缩、加密、调度、ARQ 和 HARQ 功能（见图 2 - 2 - 4）。

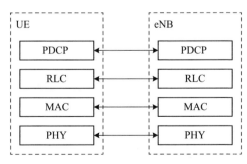

图 2 - 2 - 4　用户面协议结构

三、S1 和 X2 接口

（一）S1 接口

S1 接口定义为 E – UTRAN 和 EPC 之间的接口。S1 接口包括两部分：控制面 S1 – MME 接口和用户面 S1 – U 接口。S1 – MME 接口定义为 eNB 和 MME 之间的接口；S1 – U 定义为 eNB 和 S – GW 之间的接口。图 2 – 2 – 5 所示为 S1 – MME 和 S1 – U 接口的协议栈结构。

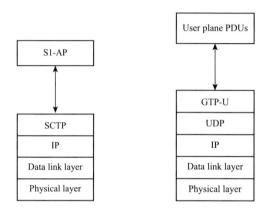

图 2 – 2 – 5　S1 – MME 和 S1 – U 接口的协议栈结构

已经确定的 S1 接口支持功能包括：

E – RAB 业务管理功能；

UE 在 ECM – CONNECTED 状态下的移动性功能；

S1 寻呼功能；

NAS 信令传输功能；

S1 接口管理功能；

网络共享功能；

漫游和区域限制支持功能；

NAS 节点选择功能；

初始上下文建立功能；

UE 上下文修改功能；

MME 负载均衡功能；

位置上报功能；

ETWS 消息传输功能；

过载功能；

RAN 信息管理功能。

（二）X2 接口

X2 接口定义为各个 eNB 之间的接口。X2 接口包含 X2 – CP 和 X2 – U 两部分，X2 – CP 是各个 eNB 之间的控制面接口，X2 – U 是各个 eNB 之间的用户面接口。图 2 – 2 – 6 所示为 X2 – CP 和 X2 – U 接口的协议栈结构。

X2 – CP 支持以下功能：

UE 在 ECM – CONNECTED 状态下 LTE 系统内的移动性支持；

上行负载管理；

通常的 X2 接口管理和错误处理功能。

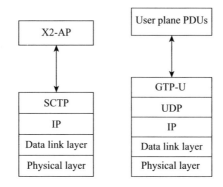

图 2 – 2 – 6　X2 – CP 和 X2 – U 接口的协议栈结构

2.3　LTE 移动性管理

2.3.1　E – UTRAN 内部的移动性管理

在 E – UTRAN RRC_ CONNECTED 状态下，执行网络控制、UE 辅助的切换，并支持各种 DRX 周期。在 E – UTRAN RRC_ IDLE 状态下，执行小区重选，并支持 DRX。

一、ECM – IDLE 状态下的移动性管理

小区选择：

UE NAS 标识一个选择的 PLMN 和其他对等的 PLMN（equivalent PLMN）；

UE 搜索 E – UTRA 频段并确定每个频段的信号最强小区。UE 通过读取小区广播消息确定自己的 PLMN；

UE 选择确定一个合适的小区，如果找不到合适的小区，就选择一个可以接受的小区。

小区重选：

UE 在 RRC_ IDLE 状态执行小区重选过程；

UE 通过测量服务小区和邻小区来发起重选过程；

小区重选确定 UE 应该驻留的小区。这些都是基于小区重选准则来完成的，包括对服务小区和邻小区的测量；

小区重选还要考虑小区接入限制，包括接入等级（AC）阻止和小区预留等。

二、ECM – CONNECTED 状态下的移动性管理

ECM – CONNECTED 状态下的终端在 Intra – E – UTRAN – Access 移动性管理功能中处理重定向或切换过程所有必需的步骤，包括：源网络侧最终切换决策之前的所有处理过程（控制和估算 UE 以及 eNB 测量，并考虑 UE 特定的区域限制）；目标网络侧资源的准备；

命令 UE 进入新的无线资源；以及最后源网络侧的资源释放。它包括在所涉节点中传递上下文数据的机制，以及节点控制面和用户面相关的更新。

（一）切换

在 RRC_ CONNECTED 状态下的 E – UTRAN 内部切换是 UE 辅助、网络控制的切换；

来自目标基站的切换命令部分由源基站透传给 UE；

准备切换时，源基站将所有的必要信息发送给目标基站（例如 E – RAB 属性和 RRC 上下文）；

源基站和 UE 都保留一些上下文信息（例如 C – RNTI）以备切换失败时 UE 可以回退到源基站；

UE 或者通过一个无竞争过程（使用专用的 RACH preamble）接入目标小区，或者通过一个基于竞争的过程（如果没有可用的专用 RACH preamble）来完成接入；

如果一定时间内，接入目标小区的 RACH 过程没有成功，UE 使用最好的小区来启动无线链路失败恢复；

切换过程中不传送 ROHC 上下文。

（二）路径转移（Path Switch）

下行路径在 S – GW 转移后，经由转发路径转发的数据包和经由新的直接路径传送的数据包到达目标 eNB 的顺序可能会交叉。目标 eNB 应该先将所有转发的数据包发送给 UE，然后转发在新的直接路径上接收到的数据包。

为了辅助在目标 eNB 侧进行排序，在 UE 的每一个 E – RAB 的路径转移后，S – GW 将在旧路径上立即发送一个或者多个"end marker"数据包。"end marker"包不包含用户数据，并由 GTP 头指示。在完成这些标记包发送后，S – GW 将不再通过旧路径发送任何用户数据包。

源 eNB 在收到"end marker"包后，会将其转发给目标 eNB。

当检测到"end marker"包后，目标 eNB 将其丢弃，并初始化所有必要处理，以保持通过 X2 接口转发过来的用户数据和通过 S1 接口（路径转移后的结果）从 S – GW 收到的用户数据的按序传送。

2.3.2 3GPP 系统

Inter – RAT 移动性管理 GERAN／UTRAN 和 E – UTRAN 之间支持双向的基于业务的重定向（Service – based redirection）。Inter – RAT 移动性管理包括小区重选和切换。

小区重选：

UE 通过测量服务小区和邻小区属性来发起重选过程：

当 UE 搜索、测量 GERAN 邻小区时，BCCH 载频的 ARFCN 需要在服务小区的系统信息（例如邻小区列表 NCL）中指明。

UE 搜索、测量 UTRAN 邻小区时，服务小区需要给出一个包含载频和扰码清单的邻小区列表。

如果服务小区属性满足特定的搜索、测量准则，测量过程可以忽略。

小区重选确认了 UE 应该驻留的小区。小区重选准则包括服务小区和邻小区测量：

Inter – RAT 小区重选基于绝对优先权来进行，即 UE 总是试图驻留在最高优先权的 RAT 中。绝对优先权仅由 RPLMN 提供，且仅在 RPLMN 内有效；小区系统信息通知优先权信息、并对小区内所有 UE 有效，UE 特定的优先权信息可在 RRC 连接释放消息中提供。UE 特定的优先权可以设定有效时间。

必要时可以阻止 UE 重选至特定的邻小区；

UE 可以"离开"源 E – UTRAN 小区去读取目标 GERAN 小区的广播信息，以便在完成小区重选之前判断"适宜性"；

小区重选可以基于速度来进行（基于 UTRAN 的速度检测方案）。UTRAN 可以应用小区接入限制功能，包括接入等级（AC）阻止和小区预留等。驻留在其他 RAT 系统的 UE 重选至 E – UTRAN。

UE 测量 E – UTRA 邻小区的属性：仅指示载波频率，UE 据此搜索和测量 E – UTRA 邻小区；

小区重选确定 UE 应该驻留的小区，小区重选准则包括服务小区和邻小区测量；

小区重选参数对小区的所有 UE 有效，但是也可能对每个 UE 组或 UE 配置特定的重选参数；

必要时可以阻止 UE 重选至特定的邻小区。

2.3.3 切换 Inter – RAT 切换设计

Inter – RAT 切换应遵循以下原则：

（1）Inter – RAT 切换由源接入系统网络控制。源接入系统决定启动切换准备，并按照目标系统要求的格式向目标系统提供必要的信息。亦即，源系统去适配目标系统，实际的切换执行由源系统控制。

（2）Inter – RAT 切换是后向切换（backward handover），亦即，目标 3GPP 接入系统中的无线资源在 UE 收到从源 3GPP 系统切向目标 3GPP 系统的切换命令之前已经准备就绪。

（3）为实现后向切换，当接入网（RAN）级接口不可用时，将使用核心网（CN）级控制 接口。与 E – UTRAN 的 Inter – RAT 切换相关的接口是 2G/3G SGSN 和相应的 MME/S – GW 之间的接口。

（4）目标接入系统负责给出 UE 相关的接入信息（包括无线资源配置，目标小区系统信息等）。这些信息在切换准备阶段给出并通过源接入系统完全透传给 UE。

（5）在 3GPP 锚点在决定直接将下行用户面数据发送到目标系统之前，采用避免或减少用户数据丢失的机制（譬如前转，forwarding）。

（6）切换过程不应需要任何从 UE 到 CN 的信令。这就需要在源系统和目标系统之间传送（或转换）安全上下文，UE 能力上下文和 QoS 上下文。

（7）实时业务和非实时业务采用相似的切换过程。

（8）Inter – RAT 切换和跨 EPC 节点的 LTE 内部切换过程采用相似的切换过程。

（9）支持网络控制的移动性，即使 UE 尚未对目标小区/频点进行测量。亦即支持"盲切换（blind HO）"。

2.4　LTE 关键技术

LTE 的关键技术包括多址方式、多天线技术、链路自适应、HARQ 和 ARQ、调度、RRC_ CONNECTED 状态下的 DRX 和小区间干扰抑制。

2.4.1　多址方式

LTE 采用正交频分多址（Orthogonal Frequency Division Multiple Access，OFDMA）作为下行多址方式。

LTE 采用 DFT – S – OFDM（离散傅立叶变换扩展 OFDM：Discrete Fourier Transform Spread OFDM），或者称为 SC – FDMA（单载波 FDMA：Single Carrier FDMA）作为上行多址方式。

2.4.2　多天线技术下行链路多天线传输

多天线传输支持 2 根或 4 根天线。码字最大数目是 2，与天线数目没有必然关系，但是码字和层之间有着固定的映射关系。

多天线技术包括空分复用（SDM：Spatial division multiplexing）、发射分集（Transmit diversity）等技术。SDM 支持 SU – MIMO 和 MU – MIMO。当一个 MIMO 信道都分配给一个 UE 时，称之为 SU – MIMO（单用户 MIMO）；当 MIMO 数据流空分复用给不同的 UE 时，称之为 MU – MIMO（多用户 MIMO）。

上行链路一般采用单发双收的 1×2 天线配置，但是也可以支持 MU – MIMO，亦即每个 UE 使用一根天线发射、但是多个 UE 组合起来使用相同的时频资源以实现 MU – MIMO。另外 FDD 还可以支持闭环类型的自适应天线选择性发射分集（该功能属于 UE 可选功能）。

2.4.3　链路自适应

下行链路自适应主要指自适应调制编码（AMC：adaptive modulation and coding），通过各种不同的调制方式（QPSK、16QAM 和 64QAM）和不同的信道编码率来实现。

上行链路自适应包括三种链路自适应方法：自适应发射带宽；发射功率控制；自适应调制和信道编码率。

2.4.4　HARQ 和 ARQ

E – UTRAN 支持 HARQ（混合自动重传：Hybrid Automatic Repeat reQuest）和 ARQ（自动重传：Automatic Repeat reQuest）功能。

2.4.5　调度

LTE 在 MAC 中使用调度（Scheduling）功能是为了有效利用共享信道（SCH）资源。调度功能包括调度器操作、调度信令以及支持调度器操作的测量。

一、基本的调度器操作

在 eNB 中，MAC 包含动态资源调度器，动态资源调度器为下行链路共享信道（DL – SCH）和上行链路共享信道（UL – SCH）分配物理层资源。DL – SCH 和 UL – SCH 使用不同的调度器进行调度操作。

当在 UE 之间共享资源时，调度器应该考虑每个 UE 以及相关的无线承载（RB：Radio Bearer）的业务量和 QoS 的要求。对 UL – SCH 上的传输进行授权时，其授权是针对每个 UE 的（没有针对每个 UE 的每个 RB 的授权）。

调度器可以考虑 UE 侧的无线条件来进行资源分配，而无线条件则是依据 eNB 和/或 UE 所报告的测量结果进行判定的。

无线资源分配可以是对一个或多个 TTI 有效的。

资源分配包括物理资源块（PRB）和调制编码方案（MCS）。分配时间周期大于一个 TTI 时，可能还需要额外的信息（如分配时间、分配重复因子等）。

二、测量

测量报告对调度器在上下行链路的调度是必需的。测量报告包括传输量和 UE 的无线环境测量。上行链路缓冲区状态报告（BSR）为 QoS 敏感的分组调度提供支持。在 E – UTRAN 中，上行链路 BSR 根据 UE 中无线承载组（RBG，一个无线承载组由一组无线承载组成）中所缓存的数据来上报。上行链路报告涉及 4 个 RBG 以及两种格式：

短格式，仅报告一个 RGB 的一个 BSR；

长格式，报告所有四个 RGB 的所有四个 BSR。

上行链路 BSR 使用 MAC 信令进行传输。

三、GBR 和 AMBR 的速率控制下行链路

eNB 保证下行链路 GBR 与一个 GBR 承载进行关联，并强制下行链路 AMBR 与一组非 GBR 承载关联。

UE 具有上行链路速率控制功能，速率控制功能对无线承载 RB 之间的上行链路资源的共享进行管理。RRC 通过给每个承载分配一个优先级和 PBR（Prioritised Bit Rate）来控制上行链路速率控制功能。这些信令值可能与 S1 接口通知给 eNB 的信令值不相关。上行链路速率控制功能确保 UE 按以下顺序为其无线承载服务：

（1）所有无线承载根据 PBR 进行优先级降序排序；

（2）由授权分配的剩余资源，所有无线承载根据优先级降序排序。

当所有的 PBR 设置为 0 时，第一步被跳过，UE 按照严格的优先级顺序对无线资源进行服务：UE 让高优先级数据传输最大化。通过限制 UE 总的授权，eNB 可以保证 AMBR 不被超过。如果多个无线承载具有相同的优先级，UE 需要为这些无线承载提供同等服务。

四、CQI 上报

UE 报告 CQI 的时频资源受 eNB 控制。CQI 报告可以是周期性的，也可以是非周期性的。UE 可以同时配置周期性 CQI 报告和非周期性 CQI 报告。当周期性报告和非周期性报告发生在同一子帧时，只报告非周期性报告。为有效支持 Localized、Distributed 和 MIMIO 传输，E – UTRA 支持三种类型的 CQI 报告：

宽带类型（Wideband type）：提供小区整个系统带宽的信道质量信息；

多频带类型（Multi-band type）：提供小区系统带宽的部分子集（subset）的信道质量信息；

MIMO 类型：有待进一步研究（FFS）。周期性报告具有以下特征：

当某个子帧被配置为发送周期性 CQI 报告时，如果 UE 在该子帧分配到 PUSCH 资源，那么周期性 CQI 报告就与上行链路数据一起通过 PUSCH 发送。否则，CQI 报告通过 PUCCH 发送。非周期性报告具有以下特征：

CQI 报告由 eNB 通过 PUCCH 进行调度；

在 PUSCH 上与上行链路数据一起传输。

当 CQI 报告随上行链路数据一起通过 PUSCH 传送时，由物理层完成与传输块的复用（即 CQI 报告不是上行链路传输块的一部分）。eNB 配置一组大小和格式不同的 CQI 报告要求。CQI 报告的大小与格式取决于它是在 PUCCH 还是 PUSCH 上进行传输以及是周期性报告还是非周期性报告。

2.4.6　RRC_ CONNECTED 状态下的 DRX

为了合理的 UE 电池消耗，E-UTRAN 中 DRX（非连续接收：Discontinuous Reception）具有如下特征：

基于 UE 的机制（而不是基于无线承载的机制）。

没有 RRC 或 MAC 子状态来区分 DRX 的不同级别。

网络控制可用的 DRX 值，从 non-DRX 到 x 秒。x 值的长度可以和 ECM-IDLE 状态下寻呼 DRX 的值相同。

测量需求和报告准则可随 DRX 间隔的长度变化，例如长 DRX 间隔下的需求可以更宽松。

UE 可以不考虑 DRX 而使用首次可用的 RACH 机会发送上行测量报告。

在发送测量报告后，UE 可以立即改变其 DRX 间隔。该机制将由 eNB 预先配置。

数据发送相关的 HARQ 操作独立于 DRX 操作，不论下行 DRX 如何，UE 保持苏醒状态、读取 PDCCH 以获得可能的重传以及（或者）ACK/NACK 信令，一个定时器用来限制 UE 保持苏醒等待重传的时间。

在配置 DRX 的情况下，可以为 UE 进一步配置一个"持续时间（on-duration）"定时器，其间 UE 监测 PDCCH 以获得可能的资源分配。

在配置 DRX 的情况下，周期性 CQI 报告仅在"活动时间（active-time）"发送。RRC 可以进一步限制周期性 CQI 报告仅在"持续时间（on-duration）"发送。

在 UE 中使用一个定时器检测是否需要获取时间提前量（timing advance）。

下面是 E-UTRAN 中与 DRX 相关的一些定义。

持续时间（on-duration）：UE 从 DRX 状态苏醒过来，等待接收 PDCCH 下行子帧的时间间隔。如果 UE 成功解码 PDCCH，UE 则保持苏醒状态，并启动"非活动定时器（inactivity timer）"。

非活动定时器（inactivity-timer）：UE 从上一次成功解码 PDCCH 后，等待再次成功解码 PDCCH 的时间间隔。UE 仅在成功解码首次传输的 PDCCH 后才重启"非活动定时器（inactivity – timer）"（即，对于重传的情况不重启）。

活动时间（active – time）：UE 处于苏醒状态的总时间间隔。包括 DRX 周期的"持续时间（on – duration）"、UE 在"非活动定时器（inactivity – timer）"超时前执行连续接收的时间、UE 在一个 HARQ RTT 后等待下行重传时执行连续接收的时间。基于上述内容，最小的"活动时间（active – time）"等于"持续时间（on – duration）"，最大的"活动时间（active – time）"没有定义（无限的）。

在上述参数中，"持续时间（on – duration）"和"非活动定时器（inactivity timer）"的长度是固定的，"活动时间（active – time）"的长度则基于调度决策和 UE 是否解码成功而不同。只有"持续时间（on – duration）"和"非活动定时器（inactivity timer）"由 eNB 通过信令通知给 UE：

UE 在任何时间，仅使用一个 DRX 配置；

UE 从 DRX 睡眠状态醒来时将启动"持续时间（on – duration）"；

初始发送只能在"活动时间（active – time）"内间发生（因此当 UE 在仅等待某次重传时，它不必在 RTT 期间处于"苏醒"状态）。

如果在"持续时间（on – duration）"期间 PDCCH 没有被成功解码，UE 必须遵循 DRX 配置（即，如果 DRX 配置允许，UE 可以进入 DRX"睡眠"状态）：这也适用于 UE 被分配了预定义资源的子帧。

如果 UE 成功解码了首传的 PDCCH，它必须保持"苏醒"状态并启动"非活动定时器（inactivity timer）"（即便在分配的预定义资源的子帧上已经成功解码了 PDCCH），直到 UE 收到重新进入 DRX 的 MAC 控制消息，或者直到"非活动定时器（inactivity timer）"超时。在这两种情况下，重新进入 DRX 后 UE 所遵循的 DRX 周期由如下规则给出：如果配置了短 DRX 周期，UE 首先遵循短 DRX 周期，在一个较长时间的非活动时间后 UE 遵循长 DRX 周期；否则，UE 直接遵循长 DRX 周期。注：在配置 DRX 的情况下，网络通过要求 UE 向网络发送周期信号来检测 UE 是否还处于 E – UTRAN 覆盖范围内。

2.4.7　小区间干扰抑制

采用小区间干扰抑制技术可提高小区边缘的数据率和系统容量等。小区间干扰抑制技术主要包括有三类：小区间干扰随机化（Inter – cell interference randomisation），小区间干扰消除（Inter – cell interference cancellation），小区间干扰协调（ICIC：Inter – cell interference coordination）。

2.5　VoLTE 无线技术

2.5.1　VoLTE 基础知识

VoLTE 是基于 IMS 的语音业务，而 IMS 由于支持多种接入和丰富的多媒体业务，成为全 IP 时代的核心网标准架构。VoLTE 即 Voice over LTE，它是一种 IP 数据传输技术，使得用户在 LTE 网络下不仅能够享受高速率的数据服务，同时还能获得高质量的音视频通话，后者需要 VoLTE 技术实现。VoLTE 涉及以下几个基本概念：注册、域选择、锚定、切换。

一、注册

注册是用户向签约网络请求授权使用业务的过程。在 VoLTE 解决方案下，LTE 用户根据实际的信号强度覆盖，可以由 UE 选择附着到 CS 网络或 LTE 网络进行注册：

CS 网络注册：注册过程与普通 CS 网络用户注册过程相同。

LTE 网络注册：终端首先附着到 EPC 网络，再在 IMS 网络注册。

二、域选择

由于支持 VoLTE 的终端可以有多种模式在不同的信号强度覆盖下可以附着在不同的网络，比如：有时附着在 2G/3G 网络，有时附着在 LTE 网络。因此，支持 VoLTE 的终端在呼叫时就要选择接入其中一个网络进行语音通话，选择接入网络的过程就称为域选择：用户作为主叫时，有终端根据存在的注册网络信息完成域选择。用户作为被叫时，由网络侧查询 HLR/HSS 获取注册网络信息完成域选择。

三、切换

切换是指当 LTE 用户在通话过程中，终端移动到 LTE 小区边缘，终端与网络配合将语音无缝地从 LTE 切换至 3G/2G 网络，通话不中断。VoLTE 采用 SRVCC 切换方案。

2.5.2 VoLTE 网络架构

VoLTE 网络分为终端、接入网、承载网、核心网、业务平台，其中核心网最为复杂，主要网元包括分组域（接入核心网）、策略控制单元（PCC）、信令网（DRA）、IMS 域、CS 域、用户数据域。VoLTE 功能由 EPS 来提供业务接入（包括无线承载和 EPC 承载），通过 IMS 提供业务控制（包括会话控制和业务逻辑处理及被叫域选择）。

2.5.3 VoLTE 相关协议介绍

SIP（Session Initiation Protocol，会活初始协议）在 IETF 定义（RFC 3261），3GPP 做了增强，用于大部分 IMS 接口，是一个在 IP 网络上进行多媒体通信的应用层控制协议，它被用来创建、修改和终结一个或多个参加者参加的会话进程，遵循应用层三次握手原则（INVITE/200 OK/ACK），与 SDP、RTP/RTCP、DNS 等协议配合，共同完成 IMS 中的会话建立及媒体协商。因为 SIP 是一个基于应用层的协议，所以它不是一套完整的通讯系统方案，它需要和其他的方案或者协议结合起来实现整套系统。SIP 消息采用文本方式编码，分为两类：请求消息和响应消息。请求消息用于客户端为了激活按特定操作而发给服务器的 SIP 消息，包括 INVITE、ACK、OPTIONS、BYE、CANCEL、和 REGISTER 消息等，各消息功能如表 2－5－1 所示。

表2-5-1 消息功能示意表

请求消息	消息含义
INVITE	发起会话请求，邀请用户加入一个会话，会话描述含于消息中。对于两方呼叫来说，主叫方在会话描述中指示其能够接受的媒体类型及其参数。被叫方必须在成功响应消息的消息体中指明其希望接受哪些媒体，还可以指示其行将发送的媒体。如果收到的是关于参加会议的邀请，被叫方可以根据 Call-ID 或者会话描述中的标识确定用户已经加入该会议，并返回成功响应消息。
ACK	证实已收到对于 INVITE 请求的最终响应。该消息仅和 INVITE 消息配套使用
BYE	结束会话
CANCEL	取消尚未完成的请求，对于已完成的请求（即已收到最终响应的请求）则没有影响。
REGISTER	注册
OPTIONS	查询服务器的能力

响应消息用于对消息进行响应，指示呼叫的成功或失败状态。不同类的响应消息由状态码来区分。状态码包含三位整数，状态码的第一位用于定义响应类型，另外两位用于进一步对响应进行更加详细的说明。

SDPSIP/SDP（Session Description Protocol）流是建立在 UDP/IP 之上的，用于终端之间会话和应用控制。SIP 流用于初始化一个 Session，并负责传输 SDP 包，而 SDP 包中描述了一个 Session 中包含哪些媒体类型，邀请人等，用于会话建立过程中的媒体协商，SDP 描述/协商消息封装在 SIP 信令。

媒体协商：主叫和被叫 UE 在会话的建立过程中需要对媒体的类型和编码方式达成一致，为此使用 SDP 请求和应答机制对媒体进行协商。双方所协商的媒体类型包括视频、音频、文本、聊天等。每种媒体类型包括多种编码方式，如音频包括 PCMU、G.726 编码、AMR-WB（自适应多速率宽带）编码等。视频包括 MPV、H.262 编码等。双方需要协商都支持的媒体类型以及所使用的编码方式。

资源预留：为保证双方所协商的媒体会话可以建立，空口需要为主叫和被叫用户分配资源，在资源被成功预留之前，不能保证媒体会话可以建立；一般情况下进行 SDP 协商确定了媒体格式和编码方式后可进行资源预留。

RTP/RTCP：RTP/RTCP（Realtime Transport Protocol/Realtime Transport Control Protocol）实时传输协议/实时传输控制协议：RTP 为实时应用提供端到端的数据运输，但不提供任何服务质量的保证，服务质量由 RTCP 来提供，都为应用层的承载面协议，会话建立后，话音数据承载在终端之间的 RTP/UDP/IP 上，编码后的语音和负载描述符一起被装载在 RTP 的负载中。RTCP 协议对实时传输的媒体流质量进行监视与反馈媒体间的同步。

2.5.4　VoLTE 信令流程

一、IMS 注册流程

VoLTE 用户建立语音通话之前，前提必须要在 MME 附着和 IMS 注册，UE 开机后需要进行 IMS 注册流程，整个 IMS 注册流程可以分为 MME 附着和 IMS 注册两个过程：

1. MME 附着

UE 刚开机时，需要进行物理下行同步，搜索测量进行小区选择，选择到一个合适或者可接纳的小区后，进行随机接入完成上行同步并在 LTE 附着，建立 QCI = 9 默认承载，此过程为 MME 附着流程。

2. IMS 注册

VoLTE 本质也是数据业务，需要建立相应业务类型的 QoS 承载，以承载业务数据或信令。支持 VoLTE 的终端在完成 LTE MME 附着后，在 UE 向 IMS 网元发起注册前，必须建立 QCI = 5 的承载，用以承载 IMS SIP 信令；当 QCI = 5 承载建立完成后，UE IMS 进行 SIP 信令的交互。

UE 发起注册请求经 SBC 转发至 S – CSCF. S – SCSF 从 HSS 获取鉴权向量（XRES、IK、CK、AUTN、RAND），保留 XRES。S – SCSF 发送 401 未鉴权消息到 P – SCSF，里边包含完整性和加密密钥（IK. CK. AUTN. RAND）。P – SCSF 保留 IK 和 CK，用与 UE 和 S – SCSF 相同的 IPSEC，将 AUTN 和 RAND 发送给终端，终端校验 AUTN 成功即对网络校验成功，然后计算 XRES，重新发送的 Register 消息中携带 XRES. S – SCSF 对终端重发 Register 中的 XRES 和本地存储的 XRES 进行匹配，如果匹配成功，完成网络对 UE 的鉴权校验，向 UE 返回注册成功响应，至此，用户若要进行 VoLTE 语音呼叫，需通过触发核心网建立一条用于传输 IMS 语音包的 QC = 1 专用承载进行语音通话。基于 IMS 的 VoLTE 语音通话需要建立 QCI = 9、QCI = 5、QC = 1 三条承载。

二、VoLTE 的呼叫类型

VoLTE 呼叫类型包含四种：空闲态（ldle）呼叫空闲态（Idle）、空闲态（Idle）呼叫连接态（Connected）、连接态（Connecte）呼叫空闲态（Idle）、连接态（Connected）呼叫连接态（Connected），

三、无线承载 QoS 等级标识

EPS 系统中，QoS 控制的基本粒度是 EPS 承载（Bearer），即相同承载上的所有数据流将获得相同的 QoS 保障（如调度策略，缓冲队列管理，链路层配置等），不同的 QoS 保障需要不同类型的 EPS 承载来提供，在接入网中，空口上承载的 QoS 是由 eNodeB 来控制的，每个承载都有相应的 QoS 参数 QCI（QoS Class Identifier）。根据 QoS 的不同，EPS Bear 又可以划分为两大类：GBR（Guranteed Bit Rate）和 Non – GBR。所谓 GBR，是指承载要求的比特速率被网络"永久"恒定的分配，即使在网络资源紧张的情况下，相应的比特速率也能够保持。MBR（Maximum Bit Rate）参数定义了 GBR Bear 在资源充足的条件下能够达到的速率上限。MBR 的值有可能大于或等于 GBR 的值。相反，Non – GBR 指的是在网络拥挤的情况下，业务（或者承载）需要承受降低速率的要求，由于 Non – GBR 承载不

需要占用固定的网络资源，因而可以长时间地建立。

　　LTE 中共有 9 种不同的 QCI，在 VOLTE 业务中先后建立了 3 个承载，分别是 QCI = 8/9 的默认承载，QCI = 5 的用于传输 IMS 控制信令的默认承载和 QCI = 1 的 VoLTE 语音数据传输专用承载。而涉及 VoLTE 的前两个承载在 RLC 层均为 AM 传输模式，而语音数据传输的专用承载为了保证数据传输的即时性，使用 UM 传输模式。

3 LTE 无线网络优化

3.1 网络优化流程 LTE 网络优化的整体流程图

网络优化流程 LTE 网络优化的整体流程图如图 3 - 1 - 1 所示。

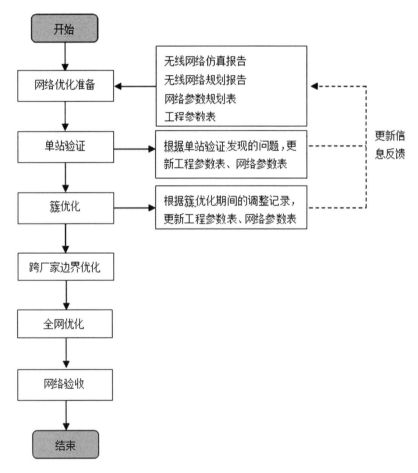

图 3 - 1 - 1 LTE 网络优化的整体流程

3.2　LTE 网络优化整体流程说明

优化准备阶段主要是了解网络规划的相关信息，为后续的网络优化做准备；

单站验证阶段是对单站点的性能进行验证，为后续的簇优化打好基础；

簇优化是网络优化中的重要环节，目的是保证簇内的连续覆盖和良好的信号质量，且簇内的接入、切换、掉话、吞吐量的各项指标良好；

跨厂家边界是对簇优化的补充，涉及不同厂家的对接，在优化时需要特别注意；

业务优化环节主要是针对商用网络，用户业务体验感知提升的优化环节；

网络验收环节是根据已经确定的验收标准进行验收测试。

3.2.1　网络优化准备

网络优化准备阶段的目的是为后续的单站验证、簇优化以及全网优化提前做好相关的准备，主要包括以下几个方面的工作。

异厂家间需要共享跨厂家边界站点的网络参数和工程参数，并提前做好邻区规划和PCI 规划，边界邻区要求规划到对方厂家 3 ~ 5 层的站点；

做好 LTE 站点簇划分的工作，根据划分的簇和测试线路提前对 C 网的覆盖进行测试，作为后续 LTE 天线安装以及双频天线替换后 C 网覆盖对比测试的覆盖基线；

CL 共站址的站点，要求在安装 LTE 天线或者替换双频天线前后，做好对 C 网的指标监控，由分公司提供话统指标监控；

整理前期的规划结果，作为后续网络优化的基础设置；

分公司组织设计院和厂家对前期工参的准确性进行评审，根据评审结果由设计院对工参进行重新规划，工程队根据修改的参数对工程安装进行整改。

3.2.2　单站验证

单站验证内容：

（1）CL 共站址站点，LTE 安装后对 C 网性能的影响；

（2）基站硬件配置［天馈是否接反］；

（3）空闲模式下参数配置检查［PCI，TAC，RS POWER 等等］；

（4）基站信号覆盖检查［RSRP & SINR］；

（5）基站基本功能检查［ping，FTP 上传下载，接入性能］。

3.2.3　簇优化

簇优化聚焦于网络的覆盖、接入性、保持性（掉话率）、移动性（切换成功率）、吞吐率等指标，目标是保证每个簇内实现良好的无线覆盖和业务性能，为更高层次的优化提供保障。

3.2.4 全网优化

全网优化及跨厂家边界优化在所有基站簇优化完成后可进行全网优化,以解决跨簇的问题。全网优化流程、思路与簇优化类似,更侧重于簇边界及与异厂家边界的问题优化。全网优化的目的是:

(1)解决簇优化阶段没有定位的问题,或已定位但优化调整可能产生比较大影响的问题;

(2)重点对跨厂家簇交界处进行优化,以保证整个全网的完整性。

跨厂家的边界由于涉及厂家间的对接,性能相对同一厂家的区域可能会略差,并且部分特性应用可能也会受影响。在跨厂家优化前,需要厂家间共享相关的工程和参数配置,提前做好 PCI、邻区等规划。

针对跨厂家边界的优化由电信和两个厂家组成一个联合优化小组对边界的覆盖和业务进行优化。厂家边界重点关注优化内容:

(1)边界的越区覆盖控制,在解决过度覆盖小区问题时需要警惕是否会产生覆盖空洞;

(2)边界的邻区优化,添加必要的邻区、删除错误或者冗余的邻区;

(3)边界的 PCI 复用问题,包含 PCI 冲突、混淆、以及 Mod 3 干扰;

(4)边界的切换问题,通过切换参数的调整,优化切换过早、过晚、乒乓切换等问题;

(5)跨厂家边界交通要道的性能优化。

3.2.5 KPI 监控及优化

在网络没有用户时,监控话务统计 KPI 意义不大,但是当网络放号之后,话务统计 KPI 的监控及优化都是网规网优交付的一个基本动作,需要例行开展起来。

KPI 监控的频度可根据项目的实际情况来制定,至少每周监控一次。

KPI 监控包括两个层级:整网级 KPI、CELL 级 KPI(即 TOP 小区)。

对 LTE 来说,一般需监控的整网级 KPI 如下:

RRC Setup Succ Rate［%］

E – RAB Setup Success Rate［%］

Intra – frequency Handover Out Success Rate［%］

Call Drop Rate［%］

DL Thrp. bits

UL Thrp. bits

L. Traffic. User. Avg

L. Traffic. User. Max

3.2.6　投诉处理及 VIP 保障

投诉处理原则：

针对 VIP 投诉，必须及时响应，马上启动测试及用户回访，安抚客户情绪，尽快分析问题产生的原因，给出解决措施，避免同类问题再次出现。

对于一般问题投诉，尽量保持问题现场，获取足够的定位数据，分析问题产生的原因，尽快给出同类问题的解决方案，关闭问题投诉。

投诉处理结果要与投诉人沟通，对 VIP 投诉处理完成后要写分析报告提交给电信公司。

VIP 包括 VIP 用户、VIP 路线、VIP 区域、VIP 站点、VIP 事件五个部分，VIP 保障则包括信息收集、VIP 监控及优化、VIP 事件保障三个层面。

3.3　DT/CQT 测试规范、方法、验收标准

3.3.1　DT/CQT 定义及测试内容

一、DT 定义及测试内容

（一）DT 测试定义

DT 测试（Driver Test）是使用测试设备沿指定的路线移动测量无线网络性能的一种方法，在 DT 测试中模拟实际用户，进行不同测试业务，记录测试数据，通过测试软件的统计分析，统计网络测试指标。

（二）DT 测试内容

DT 测试项目包括使用无线测试仪表对无线信号强度、无线信号质量、越区切换位置、越区切换电平、网络干扰情况、上传下载速率等参数进行全面测量，以及在移动环境中使用测试手机沿线进行全程语音与数据业务拨打测试。它通过所采集的无线参数以及各项统计指标评估网络使用质量，为网络规划、网络工程建设以及网络优化提供较为完善的网络覆盖情况，同时也为网络运行情况分析提供较为充分的数据基础。

二、CQT 定义及测试方法

（一）CQT 定义

CQT（Call Quality Test）即拨打质量测试，也指在固定的地点测试移动通信无线数据网络性能。CQT 主要以用户的主观评测为主，在城市中选择多个测试点，在每个点进行一定数量的测试任务，通过定点业务测试，统计网络指标，分析网络运行质量和存在的问题。

（二）测试方法

目前 CQT 测试主要以人工测试的方式进行，一般的流程是，先制订一个测试计划交

由测试人员到指定地点进行测试，测试工具一般为信号测试专用手机和笔记本电脑，测试过程是由测试人员通过测试工具与专业软件进行连接，然后通过软件记录测试数据，如果是室外 CQT 点，需连接 GPS 进行自动定位与打点，如果是室内 CQT 由测试人员根据所拿到平面图在专业软件上面进行手工打点，再由软件对数据进行统计整理并形成分析报告。

3.3.2 测试前准备工具准备清单

测试前准备工具准备清单如表 3 - 3 - 1 所示。

表 3 - 3 - 1 测试前准备工具准备清单

序号	测试工具	数量	描述
1	前台数据采集软件	1	CNT 或其他软件，能够支持 FDD LTE 网络测试以及 LTE FDD 测试手机、数据卡等设备的数据采集。
2	测试终端	1	支持 FDD LTE 网络。
3	吸顶 GPS 天线	1	用于测试数据采集时提供 GPS 信息，需支持 USB 接口。
4	车载逆变器	1	为测试设备提供电源。
5	USB 扩展 Hub	1	扩展 USB 端口数量（可选）。
6	测试 SIM	2	用于各类业务测试。
7	测试笔记本电脑	1	用于业务测试，四核以上处理器、内存以 4G 以上为佳。
8	电子地图	1	为路测提供准确的地理信息。
9	测试车辆	1	具备测试操作的空间或平台，具备点烟器或蓄电池等供电装置。
10	FTP 服务器	1	子网内部 FTP 服务器，软、硬件配置，出口带宽等需满足测试要求。

测试前需要先连接测试设备，并检查各设备和软件是否能够正常工作，步骤如下：

连接测试终端和测试电脑；

连接 GPS 天线；

插入 CNT 硬件狗；

将逆变器和笔记本电源连接好，使得笔记本处于外部供电状态；

测试软件设置；

驱动连接。

3.3.3 CQT 测试规范

CQT 测试点通常选取市区内主要写字楼、商厦、政府机关、运营商办公楼、营业厅、公园、郊区主要旅游景区、重要乡镇等；选定好测试点后需要和运营商进行交流，得到认可。对于低层建筑物建议每层都进行测试，测试时注意对窗口、走廊、楼梯口等处的测试；对于高层建筑建议在低层、中层、高层各选 1~3 层对其进行测试。所有在室外的测试选取的测试点在覆盖要求上需要包含近、中、远三种不同场景的点，才能全面反映网络测试情况，室内可能无法找到远点，可以只测试近点或者中点，CQT 测试内容在进行 CQT 测试前需要首选确认 CQT 测试项目类型，针对 LTE 网络，CQT 可测试的项目列举如下：

呼叫（接入）测试；

用户时延测试；

FTP 业务测试。

测试者可根据具体的项目要求或者测试目的选择测试项目。例如单站验证可选取接入、时延、FTP 业务进行测试。

3.3.4　CQT 测试方法接入测试

第一次：

（1）UE 在待测点发起 Attach 并连接到网络；

（2）在测试电脑上打开 MS‒DOS 界面，Ping 授权的服务器：ping ＜application server IP address＞ ‒l 32 ‒n 30＞；

（3）控制 UE Detach；

（4）重复步骤 1~3 至少 2 次；

（5）观察接入流程和 Ping 业务是否正常；

（6）记录并保存测试数据（信令流程截图和 CNT 的 Log）用户面时延测试。

第二次：

（1）UE 在待测点发起 Attach 并连接到网络；

（2）在测试电脑上打开 MS‒DOS 界面，Ping 授权的服务器：ping ＜application server IP address＞ ‒l 32 ‒n 30＞；

（3）统计 RTT 平均时延迟；

（4）记录并保存测试数据（Ping 完成后的统计界面截图）FTP 上传测试。

第三次

（1）UE 在待测点发起 Attach 并连接到网络；

（2）使用 Filezilla 或其他 FTP 软件连接 FTP 服务器（需要提前准备好软件）；

（3）开始上传 1 个或多个文件 500M 以上的文件；

（4）使用 DU Meter 或 Net Meter 观察上传速率，持续 2min 以上；

（5）记录并保存测试数据（DU meter/Net Meter 速率统计截图和 CNT 的 Log）FTP 下载测试。

第四次

（1）UE 在待测点发起 Attach 并连接到网络；

（2）使用 Filezilla 或其他 FTP 软件连接 FTP 服务器（需要提前准备好软件）；

（3）开始从 FTP 服务上 10 线程下载一个或多个 1G 以上的文件；

（4）使用 DU Meter 或 Net Meter 观察下载速率，持续 2min 以上；

（5）记录并保存测试数据（DU meter/Net Meter 速率统计截图和 CNT 的 Log）。

3.3.5　DT 测试规范 DT 测试时间

LTE 以数据业务为主，为在测试一些大流量业务时不影响网络中其他用户，测试时间一般安排在网络负载轻或无负载时，另外由于 DT 需要沿道路移动测试，测试时间可以选择在交通不繁忙、道路不拥堵的时候进行，如凌晨 00：00～06：00，可有效节省测试时间，提高测试效率。测试时间选取需要争得运营商的认可，也可根据运营商的要求而定。整体来说，测试时间段的把握需要根据测试目的和测试要求来确定，如果是针对验收这类对 KPI 有考核的测试，建议在网络空载或者无负载的时间段进行。如果是故障或投诉处理可以选择网络有负载的时间段测试，便于复现、排查问题。

一、DT 测试路线规划

DT 测试路线的规划需要注意涵盖测试区域的多种场景如密集城区街道、高速路、高架轿、隧道等，对于双行道也要尽可能保证来回方向都能测到，避免出现遗留问题区域。另外，测试路线需要和运营商相关人员进行确认，确保线路中包含客户关注的一些区域或路线。其次，测试中建议确定一个固定起点和终点，测试也要尽量保持每次测试时行走的路线的先后次序一致，避免一些路段重复多次测试，节约测试时间。在测试前需要就测试路线和司机进行沟通，确保司机完全理解测试人员的意图。

二、DT 测试内容安排

在进行 DT 测试前需要确认 DT 测试项目类型，根据测试内容制订测试计划，针对 LTE 网络，DT 可测试的项目分为长呼和短呼两大类，每类测试又包括诸多测试项，每个测试项可以测试一个或者多个 KPI 指标。测试者需要根据具体的项目要求制订测试计划，合理安排测试顺序，提高测试效率。

3.3.6　网络验收性能标准

中国电信 LTE 设备验收包括三个部分：预验收、初验和终验。在设备割接开通入网之前，必须进行预验收测试，检验已安装好的设备是否达到设计要求。网络指标达到项目预定要求后，启动工程初验。初验通过后即进入设备试运行期，应注意对设备运行情况的跟踪，及时解决问题，系统试运行合格后，准备进行终验测试。下面对验收过程中的性能标准进行说明。

一、单站验收性能标准

单站验收适用于中国电信 LTE 设备验收的预验收。对单站验收性能标准建议如表 3 - 3 - 2 所示。

表 3 - 3 - 2　单站验收性能标准建议评价表

序号	测试检查项	评判标准
1	下行峰值速率（近点）	> = 85Mbps@ 20MHz

续表

序号	测试检查项	评判标准
2	上行峰值速率（近点）	>=40Mbps@20MHz
3	用户面时延测试	ping包RTT的平均时延<=30ms

二、整网验收性能标准

整网验收适用于中国电信LTE设备验收的初验和终验。对整网验收性能标准建议如表3-3-3所示。

表3-3-3　整网验收性能标准

KPI描述	目标值	测试统计方法
初始接入成功率	>=97%	短呼测试
E-RAB掉话率	<=3%	短呼测试
切换成功率	>=97%	下行FTP长呼测试
下行平均速率	>=32Mbps@20M	下行FTP长呼测试
上行平均速率	>=20Mbps@20Mbps	上行FTP长呼测试

3.4　基础数据检查、参数一致性检查

LTE基站开局前，需结合2/3G网络现状、LTE规划数据及业务实现策略，配置基站/小区的基本信息及关键无线参数。在日常优化工作中，也需定期对无线参数配置的合理性进行核查和优化。

3.4.1　参数核查流程

参数核查通常包括基站/小区配置信息、关键无线参数以及小区算法开关等参数核查。具体包括：

（1）配置信息：核查小区配置信息与规划数据是否一致，比如PCI、TAC、上下行时隙配置、特殊子帧配置以及邻区配置信息等。

（2）关键参数：核查重要无线参数设置的合理性，结合具体场景以及参数的历史修改记录，对参数设置的合理性进行评估。

参数核查工作不仅要在开局时进行，在日常工作中也需要定期核查参数配置，防止由于参数配置不当所引起的各种网络问题。

参数核查的具体步骤如下：

（1）参数一致性核查：核查小区配置信息和关键参数配置与规划数据和基线参数是否

一致，找出与规划或标准配置不符的异常参数配置。这些参数配置可能是在优化过程中由于特殊场景和原因所做的调整，也可能是工程实施、优化工具或者人为调整所导致的参数配置错误。

（2）参数合理性评估：结合 2/3G 网络的现状及 LTE 的部署情况，以及应用的无线场景和历史修改记录等进行参数合理性评估，确认是否存在异常的参数配置调整。每个参数的修改都需要记录详细的修改数值及原因。

（3）参数调整恢复：根据参数合理性评估的结果，对异常的参数配置进行恢复和调整，并评估参数调整后网络性能和相关 KPI 指标是否受到影响；若存在影响，则需返回步骤（2）。

3.4.2　参数优化流程

参数优化是 LTE 网络优化的重要组成部分，参数配置的合理与否将直接影响 LTE 网络覆盖、干扰、切换等网络性能和业务质量。参数优化是指在基站正常工作的基础上，根据 KPI 指标、测试结果以及用户投诉等数据源对 LTE 的参数配置进行调整和优化，以进一步提升网络质量和用户感知。

参数优化具体步骤如下：

（1）发现网络问题：通过路测结果、KPI 统计、以及用户投诉等手段获取网络相关信息，发现网络中存在的问题，比如高掉话率、高切换失败率，低用户速率等问题。

（2）分析问题原因：针对发现的问题，利用路测结果分析、KPI 关联分析、信令跟踪、网络设备告警等手段找出问题发生的原因，并确定是否是由于参数配置不当所引起的。

（3）参数优化调整：针对不同问题的原因，有针对性地调整相关类别的参数以达到提升网络性能的目的。对于 LTE 高切换失败率等问题的分析优化过程，请结合实际无线场景，并参照具体设备厂家的指导书调整相关参数。

（4）性能验证：参数调整后，需对参数优化的合理性进行评估和验证，通过网管 KPI 趋势监控、路测验证以及投诉回访等手段来确认问题是否解决。

（5）如果通过参数调整已解决问题，则结束该优化案例；如果未能解决，则回到步骤（3）重新调整，或进一步确认问题是否由参数配置所引起。

3.4.3　参数优化原则

由于各厂家的产品特性及实现方案存在一定差异，网优人员需结合当地 2/3G 网络现状和 LTE 部署情况，以及设备的产品特性及参数特点，进行 LTE 开局参数的配置和优化。

LTE 参数优化的原则如下：

（1）在 LTE 网络发展的不同阶段，参数调整的策略会有所差异，各分公司需结合本地网的实际情况，实现无线参数的多网协同优化。

（2）在参数调整前，需对参数调整策略进行综合评估，充分考虑参数调整对网络质量的影响。参数的调整要在小范围实验后再推广至全网，尽量保证参数调整不对其他关联

KPI 和用户感知产生负面影响。

（3）考虑高铁、高速和大型场馆等特殊无线场景参数设置的差异性。

（4）针对发现的问题，优先调整与网络质量下降相关联的重要参数，每个参数的修改都需要记录详细的数值修改及原因，并确定异常情况处理措施，及时恢复设备正常运行。

3.5 基础 KPI 指标分析优化

3.5.1 接入性指标——RRC 连接建立成功率

1. 指标定义

RRC 建立成功率 =（RRC 连接建立成功次数/ RRC 连接建立请求次数）×100%

该指标的定义是处于空闲模式（RRC_ IDLE）下的 UE 收到非接入层请求建立信令连接时，UE 将发起 RRC 连接建立过程。收到 RRC 建立请求之后决定是否建立 RRC 连接。RRC 连接建立成功率用 RRC 连接建立成功次数和 RRC 连接建立请求次数的比来表示。该指标反映小区的 UE 接纳能力，RRC 连接建立成功意味着 UE 与网络建立了信令连接。RRC 连接建立，包括位置更新、系统间小区重选、注册等的 RRC 连接建立。

2. 信令流程

如图 3 - 5 - 1 所示。

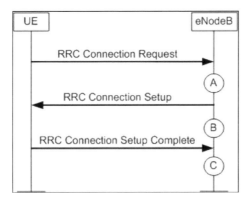

图 3 - 5 - 1 信令流程

3. 影响指标因素及优化思路

设备故障的优化手段：加大对全网设备故障、传输故障告警监控及故障的排查力度。

终端问题的优化手段：通过信令采集等手段对比 TOP 终端性能。

空口信号质量的优化手段：通过天馈优化、覆盖优化、提升 RSRP、SINR 等。

网络容量的优化手段：调整小区下最大接入用户。

参数设置的优化手段：通过优化最小接收电平、小区选择参数、小区重选参数、4 - 3

重选参数、邻区核查等手段提升。

网内网外干扰的优化手段：网外干扰，如 CDMA、WCDMA、TDS 等干扰，通过扫频确定干扰，提升与 TDL 间离度等手段来尽量避免干扰；政府会议、学校考试等放置干扰器，则采取锁小区等手段来降低对指标的影响；网内干扰：核查 PCI，减少因 PCI MOD3、MOD6 干扰导致的 RRC 建立失败。

室内外优化手段：通过路测等手段检查室分泄漏，降低因室分泄漏导致的乒乓重选或干扰导致的 RRC 建立失败。

3.5.2　移动性指标——切换成功率

1. 指标定义

切换成功率 =（S1 切换成功次数 + X2 切换成功次数 + 小区内切换成功次数）/（S1 切换尝试次数 + X2 切换请求次数 + 小区内切换请求次数）×100%

切换（Handover）是移动通信系统的一个非常重要的功能。作为无线链路控制的一种手段，切换能够使用户在穿越不同的小区时保持连续的通话。切换成功率是指所有原因引起的切换成功次数与所有原因引起的切换请求次数的比值。切换主要的目的是保障通话的连续，提高通话质量，减小网内越区干扰，为 UE 用户提供更好的服务。

2. 信令流程：

基站内小区间切换信令流程，如图 3 - 5 - 2 所示。

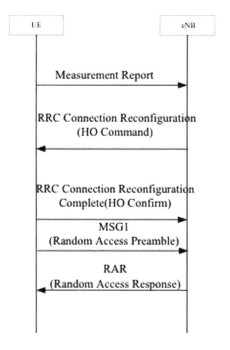

图 3 - 5 - 2　信令流程

基站间 X2 切换流程如图 3 - 5 - 3 所示。

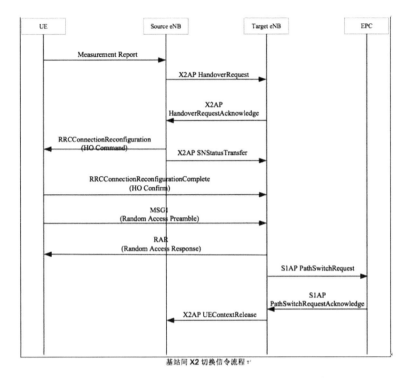

图 3 - 5 - 3　基站内小区间切换信令流程

基站间 S1 切换流程如图 3 - 5 - 4 所示。

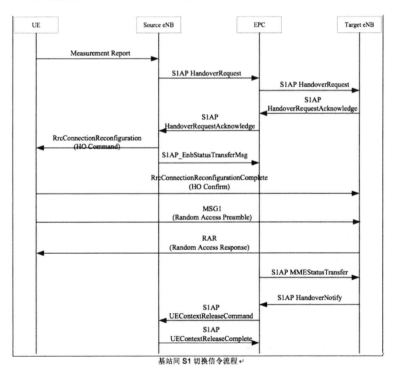

图 3 - 5 - 4　基站间 S1 切换信令流程

3. 影响指标因素及优化思路

设备故障。优化手段：加大对全网设备故障、传输故障告警监控及故障的排查力度。

终端问题。优化手段：通过信令采集等手段对比 TOP 终端性能。

空口信号质量。优化手段：通过天馈优化、覆盖优化、提升 RSRP、SINR，梳理切换关系等。

参数核查。优化手段：同过优化同频、异频切换测量、切换判决参数、小区下最小接入电平等参数。

邻区优化。优化手段：定期核查 X2 告警，冗余邻区，对切换基数较小但失败分子较多邻区进行增删，或者禁止切换，核查邻区中是否有同 PCI 邻区等。

CIO、A3、A5 触发定时器、迟滞等参数精细化调整。优化手段：根据道路测试、场景对 CIO、A3、A5 事件定时器等参数进行精细化调整。

网内外干扰及优化手段。网外干扰：如 CDMA、WCDMA、TDS 等干扰，通过扫频确定干扰，提升与 TDL 间离度等手段来尽量避免干扰，政府会议、学校考试等放置干扰器，则采取锁小区等手段来降低对指标的影响。网内干扰：核查 PCI，减少因 PCI MOD3、MOD6 干扰导致的切换失败等。

室内外优化。优化手段：根据室分场景进行室内外切换测量、判决、触发时延等参数进行精细化调整。

3.5.3 保持性指标——无线掉线率

1. 指标定义

无线掉线率 =（eNB 异常请求释放上下文数/初始上下文建立成功次数）×100%

该指标指示了 UE CONTEXT 异常释放的比例。异常请求释放上下文数通过 UE CONTEXT RELEASE REQUEST 中包含异常原因的消息个数统计；初始上下文建立成功次数包含建立成功信息的 Initial Context Setup Response 消息个数。

2. 信令流程

信令流程如图 3 – 5 – 5 所示。

3. 影响因素与优化思路

设备故障。优化手段：加大对全网设备故障、传输故障告警监控及故障的排查力度；

终端问题。优化手段：通过信令采集等手段对比 TOP 终端性能；

空口信号质量。优化手段：通过天馈优化、覆盖优化、提升 RSRP、SINR 等减少因无线环境等因素造成的掉线；

拥塞。优化手段：调整最小接入电平、调整小区下最大用户数、扩容等手段来提升；

参数设置。优化手段：小区选择、小区重选、UE 定时器等参数优化调整；

MOD3、MOD6 干扰优化。优化手段：核查 PCI，避免 PCI 对打，邻区中有相同 PCI 等。

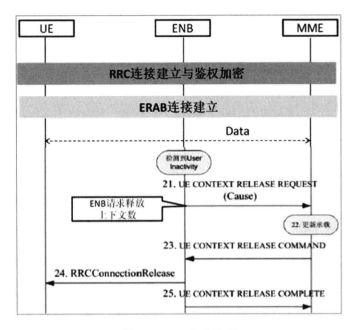

图 3 - 5 - 5 信令流程

3.6 基础网络优化

3.6.1 覆盖优化

覆盖分为、覆盖空洞、弱覆盖、越区覆盖和无主导小区。覆盖空洞可以归入到弱覆盖中，越区覆盖和无主导小区都可以归为交叉覆盖，所以，从这个角度和现场可实施角度来讲，优化主要有两个内容：消除弱覆盖和优化交叉覆盖。

3.6.2 干扰排查

一、概述

（一）干扰分类

FDD - LTE 干扰主要分为两大类：系统内干扰与系统外干扰。系统内干扰主要指的是 FDD - LTE 系统内的基站或终端之间的干扰。系统外干扰指的是非 FDD - LT 系统（如 WLAN，WCDMA）对 FDD - LT 基站或终端频段造成的干扰，如非法使用 FDD - LT 频段的广播信号、邻近信号的带外泄露，以及雷达甚至汽车发动机、微波炉等造成的系统外同频干扰。

（二）排查干扰的目的

明确是系统内干扰还是系统外干扰。对于系统外的干扰，要提供相关分析材料推动局方找当地无线电管理部门去定位消除干扰。对于系统内的干扰，尽量消除，消除不了的，采用相关算法或措施合理规避。

（三）干扰排查的触发条件

（1）在进行单站验证时；

（2）在簇优化完成时；

（3）在放号前；

（4）三方测试前；

（5）大范围多项指标同时恶化时。

在 LTE 网络正式商用前，干扰的判断标准为网络中无 UE 上行发射信号，当上行 RSSI 大于 -90dBm 时，认为有较严重干扰，或者当 IOT 显示的 RB 噪声大于 -100dBm 时，认为有较严重干扰。商用后，当 IOT 显示的 RB 噪声大于 -100dBm 时，认为有较严重干扰。

二、系统被干扰情况的排查手段

干扰排查应先从内部再到外部，从后台再到前台，从简单到复杂。

通过底噪使用 IOT 查询每个小区的上行底噪，单个 RB 的上行底噪应为：热噪声密度 +带宽+接收机噪声系数 = -174dBm + 10lg180000 + 8 = -107.4 dBm。

通过 RSSI 如果网络中没有 UE 用户，可在网管中查询上行 RSSI。

通过 DT 数据测试软件的 MAP 里面可以很直观地显示路测过程每一点的服务小区信号强度，以及是否收到邻区信号干扰。

三、系统内干扰和系统外干扰的特点及判定条件

（一）通过调节此区域干扰相关参数来判定

调节此区域相关小区的干扰相关参数（比如 ICIC）配置，如果调节前后的噪声情况不变，说明是系统外干扰。如果跟随 ICIC 等改变，说明是系统内干扰。

（二）通过关闭基站来判定

关闭受干扰基站，以及周围所有基站，用能够扫描 RS 参考信号功率的扫频仪在基站天线附近检查是否还有邻区的 RS 信号，如果有，将该邻区关闭。此时如果还存在严重干扰，说明是系统外干扰。如果干扰消失，说明是系统内干扰。如果干扰还存在但是很小，很小的干扰可能是来自周围邻区的 UE 发射的上行信号，但之前存在的严重干扰消失了，可见还是系统内干扰。

四、系统内干扰的定位思路、常见原因及规避手段

（1）检查基站与相邻基站告警，检查基站与相邻基站告警，当基站的时钟失步时，因为上下行子帧与周围邻区错位，会造出严重干扰。筛选时钟失步的相关告警。找出有时钟失步的基站关闭并尽快恢复 GPS。

（2）检查功控配置本小区 RS 参考信号对邻区的干扰，本小区其他物理信道对邻区的干扰；解决思路：调整 RS 小区参考信号的功率（绝对值），调整其他物理信道相对 RS 小区参考信号的功率偏差。

（3）检查 ICIC，CCIA，CCLR 等干扰抑制算法的配置小区边缘用户过多，用于中心用

户的频谱资源太少。解决思路：检查各类干扰抑制功能开关是否打开；合理设定 ICIC 小区边缘用户和中心用户的门限，合理分配小区边缘用户和中心用户的上下行发射接收功率。

（4）检查切换配置，当 UE 移动到一定位置，邻区信号已经大于本区信号时，因为某种原因未能切换，此时该 UE 的下行信号将受到严重干扰，并且该 UE 将严重干扰邻区的上行信道。解决思路：在 CDT 分析小区内 UE 上报的本小区邻区测量数据，是否存在本小区信号低于邻区的现象。如果存在此现象，检查邻区关系配置、测量配置是否正确合理。

（5）检查本小区和邻区负载，当小区负载太高时，本来可以接入本小区的 UE 接入邻区导致的干扰。当小区负载太高时，本小区 UE 上行功率过高对邻区造成的干扰。解决思路：缩小小区覆盖区域，调整天线方位角；或扩容。

（6）总的来说系统内干扰都是同频小区覆盖重叠造成的，但是过于控制重叠区域，又可能出现覆盖盲点，也可能降低服务区域的业务质量（打个简单的比方，同频组网模式下，如果两个小区没有覆盖重叠区域，用户将无法切换）。所以需要辩证地看待处理。思路：对干扰区域进行路测，分析各小区信号强度分布；根据 CDT 数据，分析用户所处环境。

（7）综合优化、覆盖优化、功控优化和 ICIC 优化等多种手段同时使用，可以达到更好的效果。

五、系统外干扰的定位思路、常见原因及规避手段

（1）互调干扰及带外泄露互调干扰：当两个或多个干扰信号同时加到接收机时，由于非线性的作用，这两个干扰的组合频率有时会恰好等于或接近有用信号频率而顺利通过接收机，其中三阶互调最严重。当然也有更高阶的互调，但是因为产生的互调阶数越高信号强度就越弱，而且很容易用滤波器消除，所以三阶互调是主要的干扰。实际排查：关闭可能互调的小区信号，对比前后底噪。如果关闭可能互调的小区信号，干扰仍然存在，则说明不是互调干扰，应使用扫频仪进行多点定位寻找外来干扰源位置。如果关闭可能互调的小区信号，干扰消失，则说明存在互调干扰或者带外泄露。上站检查天线安装情况，各类天线垂直隔离度和水平隔离度，以及接头、馈线、天线、合路器和滤波器等的安装情况。关闭 FDDLTE 本站及附近基站信号，在该小区天线附近使用扫频仪观察频段内是否还存在较大的噪声。如果存在，看看是不是靠近其他天线时信号最强，如果是，说明是来自邻区的带外泄露。如果无噪声，可能是互调干扰。

（2）多点定位外部干扰：如果不是因为共址基站带来的干扰，应使用频谱仪多点定位，查找干扰的来源。

3.6.3 投诉分析处理

接到普通投诉后，先回访用户，了解用户基本投诉信息，投诉处理人员对问题进行分析和定位，如：无信号、无法上网、速率低等。如该投诉需要进一步测试分析解决，投诉工程师与客户沟通，确定解决投诉的时间、地点。投诉工程师需准备设备清单如下：

测试终端：	1 部（数据棒）
测试电脑：	1 部
车辆：	1 辆
通信手机：	2 部

投诉工程师以电信公司身份联系用户，了解具体的投诉情况。工程师到达用户投诉的地点后，模拟用户的网络行为，再现用户的问题。现场工程师可根据以下几种情况进行分析。

①	用户终端问题	若根据用户反映的情况，是 UE 终端问题则现场跟用户沟通解释；
②	网络问题	一般覆盖问题投诉可以通过信号测试比较方便地找出问题原因，如室内深度覆盖、建筑密集信号弱，然后通过天线和参数调整方案。

一般覆盖问题投诉可以通过信号测试比较方便地找出问题原因，如室内深度覆盖、建筑密集信号弱，然后通过天线和参数调整方案，在兼顾周围覆盖要求的前提下尽可能改善覆盖目标的信号质量；对于无法通过优化解决的问题则提出后期加站和加油室内分布系统的方案。

后台人员到位后可根据话务跟踪进行分析，用户投诉的问题，如掉话、呼叫失败等，一旦频繁出现在某个区域，一般都能在话务统计数据中有所体现。步骤如下：

①	首先检查该区域告警记录
②	RRC 建立成功率
③	E - RAB 建立成功率
④	无线掉话率
⑤	切换成功率

如现场解决问题，及时反馈投诉用户。如现场无法解决问题，安抚用户且告知解决时间，待问题消除后告知用户。

闭环：普通投诉现场工程师与用户沟通，问题解决后算为闭环。

责任人：投诉处理工程师。

3.7　基站节能技术及方法

一、概述

目前节能支持商用有三种：智能符号关断、动态调压、通道关断符号关断是针对一个子帧的不同符号，除了保留控制信息、参考信号等信息，其他的数据信号发送时刻关闭 PA、达到节能的目的。动态调压是通过基带口的功率来判断理想电压，及时调整 RRU 电压，达到节能目的。通道关断是 LTE 小区业务量低时，关闭小区的部分天线达到节能的目的。

二、节能功能开启前注意事项和策略

（1）受网管处理能力影响，建议分区域（每隔 3 小时下发 400 ~ 450 个站点）逐步打开区域的节能功能

（2）对于以下场景站点：高铁专网、地铁、VVVIP、VVVVIP（高优先级站点）、重点场馆站点，可以选择性开启节能功能。

（3）对于符号关断节能和调压功能，建议全天开启，不分时段；对于通道关断的节能选择时段推荐为凌晨 2 点至 6 点，根据当地情况，选择活动用户较少的时段开启。

（4）节能功能对现网指标预期有微弱影响，E - RAB 掉线率波动 0.01% ~ 0.02%，下行 BLER 有抬升 0.6%；通道关断会影响一定的双流占比。

三、参数配置建议符号关断节能配置建议

参数配置建议符号关断节能配置建议，如图 3 - 7 - 1 所示。

模板名称	业务类型	运行模式	DTX节能开关	增强型DTX节能开关	符号关断普通日期非周末节能开始时间对应时刻	符号关断普通日期非周末节能结束时间
节能-DTX	57#节能	0#自由模式	1#打开	0#关闭	0:00	23:59
符号关断普通日期周末节能开始时间对应时刻	符号关断普通日期周末节能结束时间	MAC的判决周期(ms)	关于帧的RB利用率门限(%)	QCI5判决开关	最大关闭子帧个数	
0:00	23:59	100	40	1#打开	10	

图 3 - 7 - 1　关断节能配置建议

四、调压节能配置建议

调压节能配置建议如图 3 - 7 - 2 所示。

业务类型	运行模式	NGBR业务占用PRB折算开关	动态调压节能开关	调压类型	一个长时间窗包含的几个短时间窗
57#节能	0#自由模式	0#关闭	1#打开	动态调压增强	8

统计平均调度RB数的段时间窗（ms）	补偿RB的数量	动态调压普通日期非周末节能开始时间对应时刻	动态调压普通日期非周末节能结束时间	动态调压普通日期周末节能开始时间对应时刻	动态调压普通日期的周末节能结束时间
125	10	0:00	23:59	0:00	23:59

图 3-7-2 调压节能配置建议

3.8 路测仪器仪表

运行环境测试系统后台系统支持市面主流计算机硬件配置下的 Windows 7（64bit）、Windows 10（64bit）等业界通用操作系统下正常稳定运行，软件最低支持 Win7 操作系统。

测试准备测试电脑必须安装测试设备系统驱动；测试终端5G端口调试

测试流程如下：

（1）新建工程手机端设置完成后连接 PC，打开软件运行 SKA，快捷键 CTRL + N，自定义路径建立工程，打开设备列表窗口，查看端口无异常后新建立工程测试数据保存：自定义盘：/工程名/Data。

（2）工参导入为方便测试过程或者分析测试数据，需要结合工参信息，工参信息的导入需要按照 SKA 导入模板进行工参制作。

（3）测试设备连接点击设备可查看测试设备端口配置、GPS 信息、测试设备锁频点、锁网等操作，检查端口无异常后，点击菜单栏链接图标，链接测试设备，即可进行信令及无线网络指标的采集。

（4）测试命令配置点击【测试任务】，配置测试业务，开始记录数据前，勾选中所需测试的任务，测试任务配置场景一般包括单终端单业务串行测试、单终端多业务串行测试、多业务并行测试、多终端测试。

（5）记录测试数据点击【记录日志】，弹出工参信息窗口，对应补全工参信息，确定即开始记录数据并同步下发任务，软件记录日志文件大小默认每100兆或每30min 会自动生个一个日志文件，具体按何种方式拆分，取决于哪一个标准先到达，可以自定义调整设置分割保存，测试任务执行完成后，即可停止记录数据完成测试任务。

3.9　覆盖规划

一、链路预算

链路预算是覆盖规划的前提，通过计算业务的最大允许损耗，可以求得一定传播模型下小区的覆盖半径，从而确定满足连续覆盖条件下基站的规模。通常情况下，应该分别从上行（移动台到基站）和下行（基站到移动台）两个方向进行链路预算，并实现上下行链路的平衡。取两者之间受限者为最终结果。计算路径损耗的基本方法如下：

最大允许路径损耗（dB）=

发射端每 RB 有效发射功率（dBm）- 接收端每 RB 接收灵敏度（dBm）+ 接收端天线增益（dBi）- 接收端馈线跳线损耗（dB）- 干扰余量（dB）- 衰落余量（dB）- 穿透损耗（dB）- 人体损耗（dB）+ MIMO 增益（dB），

其中，发射端每 RB 有效发射功率（dBm）=

发射端每 RB 有效发射功率（dBm）- 发射端馈线跳线损耗（dB）+ 发射端天线增益（dBi）

接收端每 RB 接收灵敏度（dBm）=

每 RB 热噪声功率（dBm）+ 接收端噪声系数（dB）+ 解调 SNR 门限（dB）

二、上下行链路预算

通常考虑充分利用 UE 的发射功率，不造成浪费，系统一般设计为上行受限的系统，因此在进行链路预算的时候，一般只需进行上行链路预算即可。

上行链路预算可考虑为两个方面：增加允许路损和消耗允许路损，公式如下。

允许的最大路径损耗（上行）= 移动台最大发射功率 + 移动台天线增益 + 基站天线增益 + 赋形增益（分集增益）- 人体损耗 - 移动台馈缆损耗 - 基站馈缆损耗 - 基站接收机噪声功率 - 基站接收解调 SINR - 干扰余量 - 阴影衰落 - 穿透损耗

下行链路预算，各业务码道的发射功率主要是根据上下行链路平衡及系统仿真确定的。

允许的最大路径损耗（下行）= 基站单天线发射功率 + 基站天线增益 + 赋形增益（分集增益）+ 移动台天线增益 - 人体损耗 - 移动台侧馈线损耗 - 基站侧馈线损耗 - 移动台接收机噪声功率 - 移动台接收解 SINR - 干扰余量 - 快衰落余量 - 阴影衰落 - 穿透损耗

三、覆盖规模估算基站覆盖半径的计算

通过链路预算求得了移动台和基站之间最大允许的路径损耗后，结合当地的无线传播模型，预测基站覆盖半径变成一件简单的事。事实上，无线传播模型描述的正是路径传播损耗和覆盖距离之间的关系。通过已知的最大允许路径损耗和无线传播模型，可以反推出基站最大的覆盖半径。

基站覆盖面积的计算：

通过计算出的小区覆盖半径 R，可以求出基站的覆盖面积 Area 及站间距 D。基站覆盖面积的计算和站型有关。eNodeB 的常见站型有以下几种：

（一）全向站

$$基站覆盖面积 = \frac{3}{2}\sqrt{3}R^2，站间距\ D = \sqrt{3}R$$

（二）三扇区定向站（65 度水平波瓣）

$$基站覆盖面积 = \frac{9}{8}\sqrt{3}R^2，站间距\ D = \frac{3}{2}R$$

用规划区域面积除以单站覆盖面积就可以得到覆盖该区域内满足覆盖要求大致需要的站点数。

$$N_{\text{Coverage}} = \frac{规划区域面积}{单基站覆盖面积}$$

3.10　容量规划

容量估算是规模估算的另一个重要组成部分。容量估算的目的是根据规划网络的业务模型和业务量需求，估算出满足容量大致所需的基站数目。和链路预算一样，容量估算也应从上行和下行两个方向进行。

由于影响容量规划的因素太多，因此不能利用公式计算，传统的 Cambell、Erlang 方法也已经不再适用。通过仿真和实测经验，可以得到各种配置、各种路损情况下的吞吐量，在实际规划时，根据规划地的具体情况，查表确定 LTE 的容量。

3.11　无线参数规划

一、频率规划

带宽和频谱作为新一代无线通信技术，LTE 技术支持灵活的信道带宽，支持从 1.4M，3M，5M，10M，15M 到 20M 的不同带宽。使得运营商对于 LTE 网络的部署更为灵活，例如先期利用较小的无线带宽开始 LTE 网络的部署，随着 LTE 网络的扩展，2/3G 用户不断地向新技术转移，再利用从 2/3G 系统中退下来的频段支持更高的带宽，提供用户更佳的高速数据业务体验。在频谱上，LTE 也支持多种不同的频段：

对于邻区规划、PCI 规划及 Prach 规划，建议使用工具进行规划。

二、PCI 规划

LTE 系统共有 0 ~ 503 共计 504 个物理小区 ID（PCI）。

当小区的数量大于 512 个时，可重复分配一个 PCI 给不同的小区，只要能保证使用相同 PCI 的小区之间的距离足够大，使得接收信号在另外一个使用同一个 PCI 的小区覆盖范围内低于门限电平即可。(对于常见的采用两个或两个以上天线的 LTE 网络，在规划中还要尽量使相邻小区的 PCI mod3 不相等)。

PCI 规划中还需要结合实际网络需求考虑到 PCI 的预留问题：

（1） PCI 规划应充分考虑网络分步建设的特点，预留一定数量的 PCI，以备网络扩容以及室内分布系统使用。

（2） 要预留一定数目的 PCI 作为边界基站协调使用类似邻区规划，使用工具进行规划。

3.12 重点无线参数的含义、配置及优化

3.12.1 小区配置基本参数

小区配置基本参数说明：

ucCellCoverAtt：指示小区覆盖属性，用于确定小区的一些物理理信道参数：比如 CP 长度指示等；日常参数，根据具体布网需求选择。

ucFreqBandind：上下行载频所在的频段指示，一个小区的上下行载频必须归属于同一个频段；日常参数，该参数取值代表 E – UTRAN 的某个运营频段，包括上行运营频段（基站接收/UE 发送）和对应下行运营频段（基站发送/UE 接收）。

ucPuschhopOffst：上行 PUSCH 跳频子带带宽相关，PUSCH 上行跳频子带带宽计算公式为 $N\_RB\ sb = floor\ (N\_RBAUL - N\_RB\text{/}IPUCCH - N\_RBN\_HO\ mod\ 2)\ /\ N\_sb)$。其中 N_RBAN_HO 就是参数 PuschHopOffset：日常参数，影向 type1 和 type2 的 Nsy 不为 1 的跳频，限定了跳频 UE 可以使用的 PusCH 的范围。配置值越大，跳频可用的带宽越小。如果小区内仅仅使用跳频分配上行资源，配置的不合适，影响小区上行的 RB 利用率及吞吐量。

ucPuschNsbPUsCH：跳频时系统带宽需要划分的子带数目，用于决定跳频时的子带尺寸和跳频模式的取值范围；日常参数，Nsb 配置越大，type2 可以分配的上行资源越小。

ucPucchDeltaShf：确定小区中 PUCCH format 1/1a1b 的循环偏移 a（n_5）的循环偏移量；日常参数，该参数决定了 PUCCH 格式 1/1a/1b 每 RB 的码分用户数，该参数配置越小，每 RB 码分用户数越多，在一定的资源需求情况下，可以减少 PUCCH 占用 RB 数；该参数配置越大，每 RB 码分用户数越少，在一定的资源需求情况下，会增加 PUCCH 占用 RB 数。该参数的具体取值，需要 PHY 的性能支持。

ucNg PHICH 组数分配计算因子：日常参数，该参数配置较大时，PHICH 信道的组数会相应增大，PHICH 资源也会相应增大，PHICH 的解调性能较好，但是会限制 PDCCH 的 CCE 数；该参数配置较小时，PHICH 信道的组数较少，但是每个组内码分复用的用户数就会越多，造成 PHICH 的解调性能最差，同时支持的用户数减少。

ucPhichDuration：决定下行 PHICH 的资源映射方式是 normal 方式还是 extended 方式。当为 normal 方式的时候，PHICH 信道映射在 OFDM SYMB O 上，否则映身射在前 3 个 OF-DMSYMB 上；日常参数，小带宽时应用 extended 方式，可以提高 PHICH 性能。

3.12.2　接入参数

接入参数说明：

ucPrachConfig：该参数指示了 PRACH 允许发送的无线号和子帧号配置，不同的配置指示了 PRACH 的接入机会，可发送的无线顿号和子号越多，则接入的机会越多。

ucPrachFreqOffset：该参数用于确定随机接入前缀占用的资源位置，取值范围是 $0 < =$ PrachFreqffset $< = N\_ RB^UL - 6$，PRACH 共占用 6 个资源块。

ucNumRAPreambles：该参数定义了小区中基于竞争冲突的随机接入前导的签名个数。

wLogRtSeqStNum：该参数指示了小区中产生 64 个 PRACH 前缀序列的逻辑根序列的起始索引号。

一个小区可以有 64 个有效的前缀序列，64 个前缀序列的产生方法如下：通过逻辑索引号 RACH_ ROOT_ SEQUENCE（由系统消息广插）所标识的第一个根序列按照所有有效的循环偏移得到。另外当 64 个前缀循环序列不能通过一个 Zadoff - Chu 根序列产生时，可以用 RACH ROOT_ SEQUENCE 下一个连续的索引号来产生，直到产生 64 个前缀序列号为止。

uCNcs：该参数用于确定产生 PRACH 前缀的循环移位的位数；一个小区可以有 64 个有效的前缀序列，64 个前缀序列的产生方法如下：通过逻辑索引号 RACH_ ROOT_ SE-QUENCE（由系统消息广播），所标识的第一个根序接照所有有效的循环偏移（和 Ncs 相关）得到。另外当 64 个前缀循环序列不能通过一个 Zadoff - Chu 根序列产生时，可以用 RACH ROOT _ SEQUENCE 下一个连续的索引号来产生，直到产生 64 个前缀序列号为止。

ucSizeRAGroupA：该参数定义了小区中 Group A 中的随机接入前导的签名个数。uc-PrachPwrstep 当 UE 发送随机接入前缀后，未收到响应，则会把发射功率加上 PrStep 进行再次尝试，直到前缀发送次数达到 Max retrans number for prach。ucPreambleTxMax 当 UE 发送随机接入前缀后，未收到响应，则会把发射功率加上 Power step forprach 进行再次尝试，直到前缀发送次数达到 Max retrans number for prach。

ucPreInitPwr：该参数指示了 PRACH 前缀初始发射功率。ucSelPreGrpThreshUE 选择随机接入前导为 group A 或 group B 时 Message3 的大小门限。

ucMsgPwrOfstGrpB：该参数是 eNB 配置的消息 3 传输时功率控制余量，UE 用该参数区分随机接入前导为 group A 或 group B。ucRARspWinSize 当 UE 发送随机接入前缀之后，则 UE 将在［RA_ WINDOW BEGIN - RA_ WINDOW _ END］窗口监测随机接入响应；该参数是给出了 UE 监测窗口的大小。

3.12.3　小区选择和重选参数

小区选择和重选参数说明：

ucSelQrxLevMin：该参数指示了小区满足选择条件的最小接收电平门限。被测小区的接收电平只有大于 Sel_ Qrlevmin 时，才满足小区选择的条件；日常参数，根据网络实际的无线环境和信号质量配置。该参数值配置过大，会使得小区难于满足小区选择条件；配置过小，则可能不能为 UE 提供正常的服务，用户接收服务的感受度变差。

ucQrxLevMinOfst：该参数指示了小区满足选择和重选条件的最小接收电平门限偏移，它将影响到小区的最小接收电平门限；日常参数，可以对 selQrxLevMin 参量进行调整。

ucQhyst，该参数指示了小区选择重选的判决的迟滞参数。在小区重选择排序 R 规则中，服务小区的 R 值等于测量值加上重选迟滞。具体描述见 3GPP TS 36.304 规范文；日常参数，对于存在多个同频小区或等优先级异频小区时，迟滞值影响小区重选的概率，该值越大，小区重选的概率越小，即重选越困难，抗慢衰落的能力越好，但对环境变化的反应能力就越慢；该迟滞值越小，可能会导致乒乓重选。

ucSNintraSrch：该参数指示了小区重选的异频异系统的测量触发门限 S_ nonintrasearch，UE 用来进行是否执行优先级等于或低于当前载频优先级的其他系统或载频的测量的判决。如果服务小区质量大于 S_ nonintrasearch，则不执行优先级等于或低于当前载频优先级的其他系统或载频测量，否则要进行优先级等于或低于当前载频优先级的其他系统或载频的测量。具体描述见 3GPP TS 36.304 规范文；日常参数，该参数主要影响异频测量的启动早晚。若配置过高，则异频测量开启早，比较耗电；若配置过低，异频测量开启过晚，可能会因为测量不及时，导致重选失败。

ucThreshSvrLow：当选择低优先级载频系统时，服务载频使用低门限。重选条件：没有高优先级系统或载频的小区满足重选到高优先级的条件；在 Treselection 内，ServingCell < ThresholdServing_ Low 且低优先级系统或载频小区的 SnonServingCell, x > ThresholdX_ Low（包括频间和系统间），UE 在当前服务小区的驻留时间超过 1s。具体描述见 3GPP TS 36.304 规范文；日常参数，对于存在低优先级频点小区的情况下，该门限决定了服务小区的信道质量低于一定要求时，才会判决低优先级频点小区的信道质量是否符合驻留要求。

ucIntraReselPrio：该参数指示频内小区重选优先级。小区重选优先级值越小优先级越低；日常参数，该参数决定了同频各个小区被重选驻留的先后顺序，进而影响网络区域中的用户分布。

ucintraQrxLevMin：该参数指示了小区满足频内小区重选条件的最小接收电平门限；日常参数，根据网络实际的无线环境和信号质量配置。该参数值配置过大，会使得小区难于满足小区重选条件；配置过小，则可能不能为 UE 提供正常的服务，用户接收服务的感受度变差。

ucSintraSrch：该参数指示了小区重选的同频测量触发门限 S_ intrasearch，UE 用来进行是否执行频内测量的判决。如果服务小区质量大于 S_ intrasearch 则不执行频内测量；如果服务小区质量小于等于 S_ intrasearch，UE 执行频内测量。具体描述见 TS36.304；日常参数，主要决定了同频小区测量的启动早晚，影响终端侧的耗电程度。uctRslntraEutra 该参数指示了频内小区重选定时器时长。在 TreselectionintraEUTRAN 时间段内，新的 EU-TRAN 频内小区按照排序 R 原则必须要一直好于服务小区，才能被选为新的服务小区；日常参数，UE 侧必须在该值规定的时间内判断决定出其重选驻留的同频小区。

3.12.4 切换参数

切换参数说明：

ucCellindivOffset：不同小区之间的个体偏差；日常参数，个性化区分切换的候选目标小区，等效于配置切换到不同小区的难易程度。

uCTrigQuan：该参数用于指示评估事件触发条件的测量。当 UE 测量到这个值满足事件触发门限值时，会触发同频小区测量事件。RSRP 和 RSRQ 分别表示参考信号的接收功率和参考信号的接收质量。日常参数，RSRP：事件触发量为 RSRP，即 UE 根据测量的 RSRP 的量判断满足事件上报的条件。RSRQ 事件触发量为 RSRQ，即 UE 根据测量的 RSRQ 的量判断满足事件上报的条件。RSRP 为参考信号的接收功率，仅反映了信号张度；$RSRQ = N \times RSRP$（E – UTRA carier RSSI），分母上包含下行干扰，RSRQ 可用于指示 UE 的下行无线条件。

所以在高大的建筑内、微小区或室内覆盖等干扰比较严重的场景下，建议配置 RSRQ。

ucReportQuan：该参数指示了 UE 是否应上报测量量为 RSRP 和 RSRQ 的测量结果；日常参数。

sameAsTriggerQuantity：表示测量上报量与触发量相同，即如果事件触发量配置为 RSRP，则测量报告中只上报 RSRP 的量，如果事件触发量配置为 RSRQ，则测量报告中只上报 RSRQ 的量；both 表示不管事件触发量是 RSRP，还是 RSRQ，在测量报告中将 RSRP 和 RSRQ 均上报。

ucCRsrpThreshold：测量时服务小区事件判决的 RSRP 绝对门限。用于 At，A2，A4，A5 事件的判决；日常参数，该参数表示满足事件触发条件时 RSRP 的值。该参数取值越大，事件触发条件越难于满足，延迟事件上报，可能会造成切换过晚，影响切换成功率；若取值越小，则事件触发条件越容易满足，但如果过小，也可能会造成切换过早，导致切换失败。

ucRsrqThreshold：测量时服务小区事件判决的 RSRQ 绝对门眼，用于 A1，A2，A4，A5 事件的判决；日常参数，该参数表示满足事件触发条件时 RSRQ 的值，该参数取值越大，事件触发条件越难于满足，延迟事件上报，可能会造成切换过晚，影响切换成功率；若取值越小，则事件触发条件越容易满足，但如果过小，也可能会造成切换过早。

ucA5Thrd2Rsrp，测量时邻小区 A5 事件判决的 RSRP 绝对门限 2；日常参数，影响切换成功率，该参数取值越大，邻小区越难于满足切换条件，取值越小，则越容易满足。该参数根据实际需要进行填写，不同功能的事件的的门限配置不同。

ucA5Thrd2Rsrq，测量时邻小区 A5 事件判决的 RSRQ 绝对门限 2；日常参数，影响切换成功率，该参数取值越大，邻小区越难于满足切换条件，取值越小，则越容易满足。该参数根据实际需要进行填写，不同功能的事件的门限配置不同。"

ucHysteresis：进行判决时迟滞范围，用于事件的判决；日常参数，由于信号强度的波动，该值配置越大，越不容易发生事件的波动触发，特别是可以避免小区边缘的乒乓效应；若配置过小，可能会引起乒乓效应。

ucTrigTime：该参数指示了监测到事件发生的时刻到事件上报的时刻之间的时间差。只有当事件被监测到且在该参数指示的触发时长内一直满足事件触发条件时，事件才被触发并上报；日常参数，影响 UE 切换成功率，该参数配置过大将导致事件触发不及时，配置过小，可能造成事件频繁触发。

ucRptIntvl：该参数指示的是触发事件后周期上报测量报告的时间间隔。当事件触发后，UE 每间隔该参数指示的时间值上报一次测量结果；日常参数，该取值越大，测量上报间隔越长，可能会影响功能效果；如取值越小，则频繁触发测量上报，会增大信令负荷。

ucRptAmt：该参数指示了在触发事件后进行测量报告上报的最大次数。当事件触发后，UE 根据报告间隔上报测量结果，如果上报次数超过了该参数指示的值，则停止上报测量结果；日常参数，该参数取值越小，测量上报次数越少，影响功能效果；如取值越大，上报次数越多，则频繁触发测量上报，会增大信令负荷，同时增加终端耗电。

ucMaxRptCellNum：该参数指示了测量上报的最大小区数目；日常参数，影响切换成功率。该值决定了 UE 最大可候选的切换目标小区数目。配置错误，可能导致选不到合适小区，切换失败。

ucReportOnLeave：当事件离开条件满足时，是否初始化测量上报流程；日常参数，，用于 ICIC 功能测量时，上报信号弱，干扰较小的邻区。ucA3offset 事件触发 RSRP 上报的触发条件，满足该条件的含义是，邻区与本区的 RSRP 差值比该值（实际 dB 值）大时，触发 RSRP 上报；日常参数，影响终端切换成功率。ucA6offsetA6 事件门限取值范围是实际值，等于 36.331 协议中取值的一半；日常参数，影响终端更换 CA 辅载波的成功率。

3.12.5 功率参数

功率控制参数说明：

wMaxCellTransPwr：该参数指示小区可使用的最大发射功率；日常参数，小区实际最大发射功率，小区实际发射功率不能超过该参数指示的值。

wCellTransPwr：该参数指示小区实际使用的发射功率；日常参数，该参数表示，在已知小区带宽、端口数及小区参考信号功率、PA，PB 等参数配置情况下，计算得到的小区的实际发射功率。

wCellSpeRefSigPwr：该参数指示了每个资源元素上小区参考信号的功率（绝对值）；日常参数，小区 RS 发射功率，决定小区覆盖范围，该参数越大，表示小区覆盖范围越大，反之则覆盖范用越小，在小区的覆盖范围一定时，该参数太大会增加小区间的干扰，太小会导致覆盖不完全。

ucPmax：该参数是指高层配置的 UE 最大允许的发射功率；日常参数，影响 UE 对信道质量的评估结果，进而影响 UE 最终驻留的小区 ucIntraPmaxIntra_ Pmax 为小区配置的 UE 最大上行可用的发射功率，它与 UE 类型有关。

Intra_ Pmax：用于频内邻区的重选，如果不配置 Intra_ Pmax 则 UE 按照其自身能力处理；日常参数，影响 UE 对信道质量的评估结果，进而影响 UE 最终驻留的同频小区。

ucAlfa：该参数用于计算 PUSCH 发射功率时，弥补小区的路径损耗，对应半静态和动态调度授权时的 PUSCH 的数据发射，即 $j = 0$ 和 $j = 1$ 时的情况；日常参数，该参数为发生功率的补偿系数，上调该值 UE 在相同路损点的发射功率和接收功率都会上升；但是干扰水平也会提高；

ucPONominalPucch：该参数指示了 PUCCH 物理信道使用的小区相关的名义功率，是作为计算 PUCCH 发射功率的一部分，用于体现不同小区的功率差异；日常参数，该参数增大后会增加小区 PUCCH 的期望接收功率，增加 UE 的发射功率，提高 PUCCH 性能，但是增强邻区以及码分干扰水平，造成功率攀升。

ucdtaPoPucchF1：该参数指示了 PUCCH Format 1 物理信道上的所需要的功率弥补量，相对于 FPUCCH Format 1a 的偏差值；日常参数，下调该值，可能会影响 format1 格式的解调性能。

ucdtaPoPucchF1b：该参数指示了 PUCCH Format 1b 物理信道上的所需要的功率弥补量，相对于 PUCCH Format 1a 的偏差值；日常参数，下调该值，可能会影响 format1b 格式的解调性能，而上调该值可能会浪费功率或者造成邻区干扰水平增加。

ucdtaPoPucchF2：该参数指示了 PUCCH Format 2 物理信道上的所需要的功率弥补量，相对于 PUCCH Format 1a 的偏差值；日常参数，下调该值，可能会影响 format2 格式的解调性能，而上调该值可能会浪费功率或者造成邻区干扰水平增加。ucdtaPoPucchF2a，核参数指示了 PUCCH Format 2a 物理信道上的所需要的功率弥补量，相对于 PUCCH Format 1a 的偏差值；日常参数，下调该值，可能会影响 format2a 格式的解调性能。

ucdtaPoPucchF2b：该参数指示了 PUCCH Format 2b 物理信道上的所需要的功率弥补量，相对于 PUCCH Format 1a 的偏差值；日常参数，下调该值，可能会影响 format2b 格式的解调性能。

ucdtaPrmbMsg3：该参数是一个基于 PREACH 消息的功率偏差，用于弥弥补不同消息格式下对功率的影响；日常参数，msg3 基于前导的功率偏移，调高有利于 MSG3 的成功率，但对邻区会造成干扰。

ucFilterCoeffRSRP：该参数用于 PUSCH 、PUCCH、SRS 进行路损计算时 RSRP 测量的滤波系数；日常参数，参数的设置，代表了对 PHY 层采样结果的滤波平滑，滤波的目的是尽可能地获得无线信号变化的主要特性，并不是单纯地将小尺度衰落滤除得越干净越好，尽管大尺度衰落决定了信号变化的主要趋势，但小尺度衰落在一定程度也是问题的本质之一，其信号的变化也会对业务的质量造成影响。参数配置太大，则历史值占用比重比较大，当前小尺度衰落的影响无法体现，这样影响 PHR 上报的频度变低，进一步影响 AMC 策略；参数配置太小，则实时值占用比重较大，当前大尺度衰落的影响受限，这样直接影响 PHR 上报的值频繁变化和频度变高。

ucDCl3A3SwchPUSCH：在计算 SRS 信号的发送功率时，需要在 PUSCH 的功率基础上再加一个功率偏差，对于 $Ks = 1.25$ 和 $Ks = 0$，功率偏差有所区别。当 $Ks = 1.25$ 时，实际的 SRS 功率偏差为 PoSRS－3，当 $Ks = 0$ 时，实际 SRS 功率偏差为 $-10.5 + 1.5 * PoSRS$；日常参数，使能该参数需要确定 UE 支持 DCI3/3A 格式，目前部分 UE 不支持。

ucDCI3A3SelPUSCH：当 PUSCH 功率调整类型为累加时，该参数用于选择 PDCCH DCI format 3/3A 指示的 PUSCH 的 TPC command 所使用的功控步长取值范围；日常参数，改变该参数会改变 DCI3/3A 的功控格式。

ucDCI3A3SwchPUCCHPDCCH DCI 3/3A：指示 PUCCH 是否有效；日常参数，使能该参数需要确定 UE 支持 DCI3/3A 格式，目前部分 UE 不支持。

ucDCI3A3SelPUCCH：该参数用于选择 PDDCCH DCI format 3/3A 所指示的 PUCCH 的 TPC command 所使用的功控步长取值范围；日常参数，改变该参数会改变 DCI3/3A 的功控格式。ucKs，该参数用于决定 Ks 的值，Ks 是一定调制和码率下的功率偏差，用于弥补调制和码率对上行物理信道功率偏差值的影响。该参数取值为 0 时，对应 Ks 为 0，没有功率补偿；该参数取值为 1 时，对应 Ks 为 1.25，有功率补偿；日常参数，目前只支持 0。

ucPuschPCAdjType：该参数指示了 PUSCH 闭环功控的调整类型；日常参数，改变该参数会改变 PUSCH 信道的功控命令的生效形式。

ucDlRsrpEventMeasSwitch：事件型下行 RSRP 测量开关；日常参数，事件型下行 RSRP 测量开关。

ucDlRsrpPeriodMeasSwitch：周期型下行 RSRP 测量开关；日常参数，周期型下行 RSRP 测量开关。

ucDeltaMsg3Msg3：闭环功控余量；日常参数，改变该参数会改变 MSG3 信息的发射功率。

ucPOUePusch1PubPUSCH：在半静态调度授权方式下发送数据所需要的 UE 相关的功率偏差（通用初始值）；关键参数，改变该值会改变 SPS 业务 UE 的期望接收功率，增加/减少 UE 的发射功率，改变频谱效率，同时增强对邻区的干扰水平。

ucPOUePucchPubPUSCH：在动态调度授权方式下发送数据所需要的 UE 相关的功率偏差（通用初始值）；关键参数，该参数改变后会改变该小区动态调度业务 UE 的期望接收功率，增加减少 UE 的发射功率，改变频谱效率，同时增强对邻区的干扰水平。ucPB 包含小区 RS 的 PDSCH 的 EPRE 与不包含小区 RS 的 PDSCH 的 EPRE 的比值；日常参数，该参数表示 B 类符号功率（包含小区 RS 的 PDSCH 的 EPRE）和 A 类符号功率（不包含小区 RS 的 PDSCH 的 EPRE）的比值。在 PA 确定的情况下，该参数会影响 B 类 OFDM 符号每个数据载波的实际发射功率。

3.12.6 CSFB 参数

CSFB 参数说明：

ucRd4Coverage：基于覆盖的重定向算法启动开关；关键参数，在基于覆盖的移动性管理应用场景中，由于 PS HO 和 CCO 的性能比重定向好，只要 UE 和网络能支持就优先使用 PS HO 或 CCO. 当 UE 能力或网络不能支持前两个可选项时，才考虑使用重定向。在终端不支持切换时，若不打开此开关，则会使得业务连续性受到影响。

3.12.7 调度参数

调度参数说明：

uCCFI：该参数指示了高层为小区配置的 CFI。可以配 1、2、3、动态调整；日常参数，CFI 配置太小会导致调度 UE 人数少，业务有超时的风险。ucUI64QamDemSplnd，该参数指示小区是否具备 64QAM 的解调能力；日常参数，指示小区是否具备 64QAM 的解调能力。

ucMaxHARQMsg3Tx：在随机接入过程中，message 3 HARQ 的最大发送次数；日常参数，maxHARQ - Msg3Tx 越大、Msg3 抽测概率越高，延时越大。timeAlign Timer 在 Time Alignment Timer 定时器有效期内，UE 认为当前处于同步状态。当定时器失效时，UE 在发送任何上行数据前，都会发起随机接入过程请求定时指派命令；日常参数，协议中规定当 Time Alignment Timer 超时时，UE 将清空所有的 HARQ buffer，通知 RRC 释放 SRS 和 PUCCH 资源，并且清空所有的下行分配和上行授权。故这里为了防止该定时器超时带来的严重影响将该参数设置为最大值即无穷大，这样的话，基站端就不需要频繁地下发 TA MAC CE 以便 UE 能够重启定时器，只需要根据上行时延的情况下发 TA MAC CE，防止因为频繁下发 TA MACCE 而出现的业务和控制信道资源浪费，特别是控制信道资源。

3.13 资源评估及容量优化

随着用户数的增多，业务量的增大，基站负荷也将随之抬升，当基站负荷达到一定程度，可能出现基站信令拥塞、用户上网速率慢、寻呼无响应、业务时延大等诸多问题，基于此，需要对基站容量及时监控并进行相应的优化，使得基站的整体性能最佳，从而改善用户的业务体验。需要注意的是，相当比例的容量受限问题最终需要通过扩容解决，但在扩容前，我们需要对基站的基础健康度进行检查分析，同时对基站系统性能需要深度挖掘，使其整体性能最佳。

3.13.1 容量问题的分析思路

指标、告警监控分析；参数设置合理性分析；无线环境和 RF 优化；系统性能优化；空口资源优化；硬件资源优化上述几个维度，基本是按照由易到难的顺序给出，下面针对各项展开说明。

指标、告警监控分析：检查基站是否存在告警？如存在，请联系产品人员评估告警对性能的影响并处理。检查基站的一些基础性能，看看是否良好？从近 1~2 周的指标趋势图看相关指标是否稳定？接入性（小区可用率、随机接入成功率、RRC 建立成功率、e - RAB 建立成功率、S1 信令链接建立成功率）；移动性（X2/S1 切换成功率）；保持性（RRC 重建比例、e - RAB 掉线率）；负荷（RRC 最大链接用户数、RRC 平均链接用户数、PDCCH 资源利用率、上行 PRB 利用率、下行 PRB 利用率）尤其需要注意的是：如果接纳受限，会体现在接入性能恶化。重建立比例和 ERAB 掉线率，对负荷比较敏感，如果忙时明显恶化，说明高负荷已经影响到基础性能。

3.13.2 参数设置合理性

相关参数主要分为四大类，建议参考单板容量表的设置。

一、PDCCH 相关参数

确定下行控制信道的资源消耗量，相关参数如下：

CFI；CCEAdaptMod；PDCCH 相关参数设置以自适应为主。

二、PUCCH 相关参数

确定上行控制信道的资源消耗量和 SR/CQI 资源分配，相关参数如下：

（1）小区容量等级指示：cellCapaLevelnd；（2）SR 信道相关参数：sITrPeriod、srTrCH-Num、pucchSrNum、（3）CQI 信道相关参数：cqiRptPeriod、cqiRptChNum、pucchCqiRBNum（4）载波聚合相关参数：numPucch1b. Pucch3RB；（5）其他：PucchDeltaShf、pucchSemiAn-Num、pucchAckRepNum、（6）总体上，PUCCH 参数设置需要慎重。如果配置过小，会导致 SR/CQI 信道容量不足，无法及时发出 SR/CQI 信息，导致速率下降、重建立/ERAB 掉线增多等，如果配置过大，又会浪费资源。所以需要注意根据实际用户数来选择最合适的配置等级。

三、接纳控制相关参数

负责接入 UE 的接纳控制，相关参数如下：

（1）RRC 相关的门限（站点级、单板级、小区级）：permitRRCNum、boardPermitRRC-Num、ueNumThrd；（2）ERAB 相关的门限：rabThrd；（3）针对无接纳 license 或者全网接纳 license 场景下生效的小区级预设 RRC license 门限：cellPresetNetRRCLic

四、定时器参数

业务去激活时长控制，相关参数如下：

（1）tUserInac；（2）tUserInacforMobile；（3）建议 tUserinacforMobile 要小于 tUserInac。这两个定时器设置过小、则容易导致大量的控制面信令，增加板件的 CPU 负荷，所以不宜过小。

3.13.3 无线环境和 RF 优化

本小节提及的内容主要围绕覆盖相关参数、工程参数调整等，不涉及到新建小区等增加物理实体的手段。

一、针对下行覆盖

（1）如果高负荷小区存在过远覆盖，可以适当降低 RS 功率，进一步可以做 RF 优化（增大下倾角等）。是否存在越区覆盖、过远覆盖，可以通过路测数据、MR 数据、TA 统计等信息做综合判断。

（2）如果高负荷小区的覆盖合理：如果高负荷小区整体的 MCS 偏低，通过路测数据或者 MR 数据分析认为，受到周围邻区的干扰比较严重，那么需要做协同的 RF 优化，抑制相互之间的系统内邻区干扰，提高频谱效率，间接降低负荷。如果邻区干扰方面也基本正常，那么可以适当降低高负荷小区的 RS 功率或者调整切换/重选参数，将业务量向周边低负荷站点迁移，进一步可以做 RF 优化（增大下倾角等）。

二、针对上行

重点关注上行的 NI/RSSI 统计。通常情况下，按照小时粒度来看，每 RB 平均 NI 值不应该超过 −110dBm，如果超过这个标准，说明上行链路的噪声偏高，已经对上行性能、容量形成重要影响。对于上行的 NI/RSSI 高的处理：

（1）如果下行负荷也同时很高，那么优先按照下行高负荷的 RF 优化处理举措执行。

（2）排查工程质量问题，尤其是天馈系统（如连线是否正确、接头是否松动等）

（3）排查是否有外部干扰等。

3.13.4　系统性能优化

一、互操作和负荷均衡优化

如果现场是异频组网，建议优先考虑做异频负荷均衡或对异频切换/重选参数进行优化，将高负荷小区业务量向低负荷小区迁移。更进一步，可以考虑对系统间切换/重定向/重选门限进行优化，将高负荷小区业务量向异系统迁移。需要注意的是，负荷均衡要效果良好，做业务均衡的两个载波间要满足两个必要条件：足够的覆盖重叠度；合适的互操作策略。

二、提升容量的 feature 应用

下行：4T4R、下行 256QAM、TM4（2）上行：UDC、上行 64QAM、MU MIMO 下行 256QAM、上行 64QAM：当前支持该功能的商用终端较少，因此部署后增益有限。UDC：仅对高通芯片终端有增益，增益大小取决于上行传输报文的重复度大小。MU MIMO：和终端无关，基站上行至少需要 4 天线，8 天线效果更好。4T4R：基站如果采用 4R，相对 2R 来说，可以降低上行底噪，基站如果采用 4T，相对 2T 来说，即使当前绝大部分终端还不支持 4 接收，但是所引入的分集增益，也还是有一定的效果。TM4：如果基站是 4T 发送，设置为 TM4 自适应，对下行容量和速率有一定增益。

三、关闭一些对系统资源消耗较大的 feature

如果高负荷站点部署了超级小区功能，建议做超级小区拆分。如果高负荷站点部署了下行 COMP 功能，建议关闭。如果高负荷站点部署了 CA 功能，建议通过限制 CA 用户比例或关闭 CA 功能来降低系统负荷，相关参数如表 3 − 13 − 1 所示。

表 3 − 13 − 1　关闭 CA 功能相关参数表

MO 短名	参考中文名	参考英文名	默认值	推荐值
AC	CA 用户数限制开关	caUserSwch	0：关闭	1：打开
AC	禁止配为辅载波门限	forbidSCellThrd	80	5

3.13.5 空口资源优化

扩大带宽，增大基站系统带宽；异频组网，增加频点，采用异频组网；增加站点，新增关键站点进行话务吸收；微站专项覆盖，对一些室内话务热点，进行专项覆盖，如引入DAS 系统、QCell 等。

硬件资源优化通过上述动作优化后，如果站点的板件 CPU 负荷仍旧偏高，请从网管中提取出站点的配置数据以及最近一周的相关性能指标，再参考工具和指导书（单板容量监控工具），筛选出超过门限的单板和站点，并参考下文的扩容方案进行整改。单板容量监控工具的异常站点判断条件为：统计一周内、小时粒度的性能数据，如一周内有 3 次或以上超过门限，则判断为异常，需要进行硬件资源扩容。

其他资源问题寻呼资源从网管提取最近一周、小时粒度的如下指标数据，如果一周内出现 2 次或以上存在寻呼丢弃或大量寻呼拥塞，则需要进行寻呼优化，具体参考表 3 - 13 - 2。

表 3 - 13 - 2 测量类型统计表

测量类型名称	编号	名称
小区寻呼统计	C373394401	寻呼记录丢弃个数
小区寻呼统计	C373394402	寻呼记录拥塞个数

无线侧寻呼参数优化说明：在相同配置下，小带宽场景更容易出现寻呼拥塞，所以 nB 等参数需个性优化；寻呼重复次数不要设置过大，原则上建议不大于 1；核心网寻呼策略优化；向核心网部门了解现网的寻呼策略；（几次寻呼，每次寻呼的范围多大？）；TAlist 的构建原则是什么？TAlist 包含几个 TAC？如果 TAlist 范围偏大，可适当缩小 TAlist 范围。

3.14 高话务场景保障

规划评估与解决方案高话务场景的保障工作需要对现网状况与需求有基本了解，并结合场景特点，用户特点，现网资源等，制定符合实际情况的解决方案。规划评估要立足于现网，主要从覆盖与容量两方面，对评估方法与要安定进行了叙述。解决方案要与场景匹配，本文将高话务场景进行了细分，根据规模最终归纳为：大型场景，中型场景，小型场景，分别从场景特点与可选的解决方案进行描述，并给出案例说明。

工程改造方案经评估，认为保障区域服务小区无法满足用户容量需求或用户感知度需求时，可以对覆盖站点进行小区扩容和增加基站等方式来增加网络容量，对于有频率资源的，同时可以使用双\多载波扩容、异频同覆盖等来增加网络容量。该方案优点是直接提升网络容量，缺点是需要进行工程改造工作量大、可能引入干扰。建议应用于重大会议中与会人数多、客户感知度要求高的情况，工程改造条件许可时，也可应用于大型纪念活动或会导致大量用户聚集的特殊节日和活动场景。

网优参数调整方案为保证现网更优覆盖和更合理地分担负荷，可以对现场进行网络优化调整，如调整室分小区超级小区配置来提升网络容量，调整宏站小区方向角、下倾角来减少干扰，调整双\多载波、同覆盖小区测量参数来提前分担网络负荷。该方案的前提是保障覆盖区域网络覆盖已具备双\多载波、同覆盖小区或超级小区，或者与工程改造方案配合使用。其优点是工作量较少，如果现网不具备调整条件需先进行工程改造。

开启防高话务冲击功能方案为避免同一时刻的大量用户主叫和被叫，可在覆盖区域小区开启寻呼防冲击功能和接入防冲击功能，并酌情调整防护等级，以避免在高话务场景下所有用户同时接入小区产生大量信令冲击基站单板 CPU、内存处理能力极限，从而减低已接入用户的感知度。该方案的优点在于有效防止大量用户同时接入对基站设备冲击，缺点是可能拉长小区中用户的寻呼周期和接入周期。

高话务场景用户级保障方案针对一些 VVIP 用户场景或关键演示场景，为了保障目标用户的服务质量，还可以通过黑白名单、签约优先级和保证 VVIP 调度等方法进行用户级别保障。

3.15　不同制式、多频段网络间互操作专题优化

场景罗列中国电信从现阶段而言，其互操作策略比中国联通的互操作策略要简单一些，表现为几点：

（1）电信的 3G 不会承载语音，而联通的 3G（UMTS）可以承载语音。

（2）电信的语音基本上还是以双模双待为主，即不需要互操作，而联通项目中语音要通过 CCSFB 互操作实现。

（3）电信的 4G 向 3G 做数据业务切换，目前只有非优化切换（类似于重定向），而联通的 4G 则多了一种 PSHO（即直接切换），上述是对比了一下中国电信和中国联通的 2/3/4G 互操作的显著差异，具体更细微的技术差别就不展开阐述了。

一、LTE 和 CDMA 2/3G 之间的互操作

语音业务目前来说，主流的终端，都是采用双模双待的方式，即语音业务全部交给 CDMA1X 网络来处理，而且终端是有独立射频来监听、处理 CDMA1X 网络的信号，如果有语音业务需求，不需要 LTE 系统方面做什么动作，终端自动就会响应和处理，从这种角度来说，其实不存在互操作。从目前电信市场看，如果是 4G 手机（非数据卡），通常都支歧持 FDD LTE 和 CDMA1X 的双模双待，但是 TD LTE 和 FDD LTE 双模手机是否也具备和 CDMA1X 双模双待的功能，这一点无从知晓。

激活态数据业务本小节指的是终端处于数据业务的激活态下，如何进行切换方面的互操作。如图 3－15－1 所示。

说明如下：

目前只涉及 LTE 和 3G（eHRPD）之间的互操作，不涉及 LTE 和 2G（CDMA1X）之间

的互操作。

TD LTE 向 eHRPD 的切换，我们建议不实施，因为 TD LTE 的覆盖是小于 FDD LTE 覆盖的，所以我们建议是从 TD LTE 向 FDD LTE 做数据业务的互操作，而不用直接向 eHRPD 发起互操作。

从 FDD LTE 向 eHRPD 发起切换，目前整个业界基本都是实现了非优化切换（类似于重定向），有两种方式，基于 A2 事件的非优化切换（类似于盲重定向）和基于 B2 事件的非优化切换（类似于基于测量的重定向），至于优化切换，目前没有看到时间表。

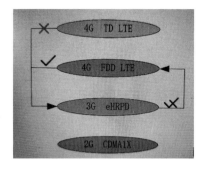

图 3 - 15 - 1　激活态数据

从 eHRPD 向 LTE 发起切换：(1) 建议仅仅考虑从 eHRPD 向 FDD LTE 的互操作，不用考虑 TD LTE 的互操作。(2) 目前国内电信 CDMA 版本为 83601，不支持从 eHRPD 向 FDD LTE 的非优化切换，预计在 8.52 系列版本支持。不过这个问题的瓶颈也不仅仅是在系统设备，终端方面目前也没有支持从 eHRPD 向 LTE 的非优化切换。所以就当前而言，在数据业务激活态下，从 eHRPD 向 LTE 无法做互操作，所以在图 3 - 15 - 1 中该项互操作被打上半个钩。这也就是为什么有些地方客户抱怨手机从 4G 到了 3G 之后就回不去 4G 的原因，因为必须要等到终端在 3G 网络上进入空闲态后通过重选回去，而如果终端一直有业务在使用，就一直不进入空闲态，就自然一直在 3G 网络上活动。

空闲态数据业务本小节指的是终端处于数据业务的空闲态下，如何进行重选方面的互操作。如图 3 - 15 - 2 所示。

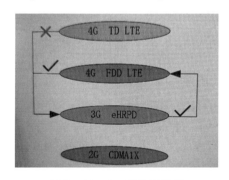

图 3 - 15 - 2　空闲态数据

说明如下：

目前只涉及 LTE 和 3G（eHRPD）之间的互操作，不涉及 LTE 和 2G（CDMA1X）之间的互操作。

TDLTE 向 eHRPD 的重选互操作，建议不实施，原因和上一小节中的第 2 点一致。

从 FDD LTE 向 eHRPD 发起重选，建议设置为向低优先级的重选，目前系统支持。

从 eHRPD 向 LTE 发起重选，目前系统支持。(1) 建议仅仅考虑从 eHRPD 向 FDD LTE 的互操作，不用考虑向 TD LTE 的互操作。(2) 建议在 eHRPD 侧将向 FDD LTE 的重选设置为高优先级。(3) 从 eHRPD 向 FL 重选的门限应该比从 FL 向 eHRPD 重选的门限更苛刻，以避免出现乒乓重选。

二、FDD LTE 和 TD LTE 之间的互操作

这个互操作主要就是涉及激活态下的双向切换和空闲态下的双向重选，目前系统设备方面都支持。

网络现状电信的 TD LTE 和 FDD LTE 两张网网络之间，具体如何分工和定位，一直没有从最高层面得到清晰的书面指导。电信的 TD LTE 基站数量少，且频段高，传统损耗大，所以其覆盖比 FDD LTE 要差很多，甚至可能无法形成连续的成片覆盖。从网络角度而言，希望终端尽量驻留或者工作在 FDD LTE 网络上，这样有助于用户得到更好的体验，从电信角度来说，希望通过广覆盖的 FDD LTE 网络来保障4G用户的良好覆盖，但是又受限于国家的政策，需要适度地在网络运营中体现出 TD LTE 的存在。

互操作建议综上所述，电信 TD LTE 和 FDD LTE 两个网络之间如何做互操作，无法给出一个放之四海而皆准的建议，因为各方立场、尺度都不同。不过汇总来说，不外乎是宽松的策略（尽量优先使用 FDD LTE 的网络）和严格的策略（尽量优先使用 TD LTE 的网络）。

下面是中国电信 TD LTE 和 FDD LTE 的互操作建议。

（一）激活态切换

1. 宽松的策略

本着优先保证速率的原则，少做互操作。

2. 严格的策略

本着有"TDLTE 信号，就要尽量使用 TD LTE 信号的原则"。上述策略主要通过测量事件的配置参数来调节。

（二）空闲态重选

1. 宽松的策略

终端尽量驻留在覆盖更好的 FDD LTE 小区上，除非真的 FDDLTE 信号差，且 TD LTE 信号较好。假设全网的小区选择最小接收电平值固定，不可变更。

2. 比较中庸的策略

上一个策略中，FDD LTE 占据明显强势的地位，可能有的客户觉得体现不出 TD LTE 的元素，那么可以考虑一下相对中庸的策略，设置为相同优先级的重选。

3. 严格的策略

该策略和宽松的策略相反，要求终端尽量驻留在 TD LTE 小区上，上述策略主要通过重选优先级以及门限参数来调节。

3.16　其　他

一、邻区规划

（一）各种互操作下对邻区的要求

eHRPD 重送回 FDD LTE，无需配置邻区；秋 FDD LTE 重进回 eHRPD，需要配置邻区；从 FDD LTE 做基于 A2 事件的非优化切换，无需配置邻区；从 FDD LTE 做基于 B2 事件的非优化切换，需配置邻区。

二、邻区数量

建议每个 LTE 小区上配置的 cdma 邻区数量不要超过 16 个，虽然网管上可以配置 32 个，但是系统设备方面会在邻区超过 16 个时候，不下发 SIB8 消息，影响异系统重选，待今后该 bug 修订后，可以扩充 eHRPD 邻区的数量。

三、邻区规划方式

可以采用 CNO‑L 工具来做异系统邻区规划。

1. 地理维度上的配置建议

（1）CL 互操作虽然经过建设，目前 FDD LTE 网络在一些城市的主城区室外已经能够形成连续的覆盖，但是肯定也存在很多的深度覆盖不足，甚至是覆盖盲区，因此我们建议：原则上，所有 FDD LTE 小区都需要配置向 eHRPD 的互操作（切换、重选等）。

（2）除非个别 LTE 室内分布小区，已经确认对该建筑内的覆盖形成了良好的无缝覆盖，那么可以考虑不用配置向 eHRPD 的互操作。

（3）eHRPD 小区，除非其所处区域，就根本完全没有 LTE，比如说偏远农村等，那么可以考虑不用配置向 LTE 的互操作，否则都需要做向 LTE 的互操作配置。

（4）TDLTE 和 FDD LTE 之间的互操作如果原本就没有 TD LTE 有效覆盖，那么就不用考虑 T‑F 之间的互操作了，如果存在 TD LTE 的有效覆盖：如果电信不是严格要求，可以考虑挑选部分典型区域站点（有 TD LTE 覆盖的）开启 TD LTE 和 FDD LTE 之间的互操作。比如说电信的营业厅这种比较敏感的区域。

2. 如果电信要求比较严格，那么就得在全部 TD LTE 区域开启 T‑F 之间的互操作。

3.17　高铁、大型场馆等专题优化

3.17.1　高铁优化

高铁概述：高铁的设计时速为 350km/h，正常运营速度在 300km/h 左右；高铁场景下信道条件变化剧烈，受多普勒频移影响，列车高速运动会导致接收端接收信号频率发生变化。同时车型不一样，车厢穿透损耗稍有差别，1.8G 频段损耗为 24dB；高铁环境主要具有如下特点，也是其面临需要克服的一些难题：传播模型和信道环境。

高铁的传播环境和信道环境与高速公路类似，车外传播环境近似农村场景，同样终端和基站之间有较大的概率存在直射径，时延扩散相对较小（山区除外），多径数目较少；铁路隧道比公路隧道更多，通常距离也更长，需进行专门的覆盖。车体损耗高速铁路的用户都位于高速列车内，在覆盖规划时需要考虑列车车体的穿透损耗。对于普通的列车，穿透损耗一般在 10~15dB，而对于动车列车，如沪杭高铁上运行的和谐号动车组，测试表明穿透损耗约 20dB；对于高铁车厢而言，密闭性较高，车体的穿透损耗比普通列车大，损耗最高可达 24dB，对网络覆盖提出了更高的要求。终端移动速度较高按照高速移动的定位，可以根据终端移动的速度细分场景，具体如下：1）低速模式（＜120km/h），包括普通低速的场景和速度在120km/h以下的高速公路；120km/h以下的场景，目前的低速版本可以保证性能，不需要额外的频偏纠正等模块；2）高速模式（120km/h～350km/h），包括高速铁路的场景，比如国内磁悬浮移动速度在250～400km/h，国内高铁移动速度在250～350km/h左右；此时需要开启该功能，包括频偏估计与补偿、超级小区等模块。用户分布与高速公路不同，高速铁路用户集中分布在列车车厢内，随着列车运行全体同步运动。用户的切换、小区重选等行为都非常集中，所以基站资源的使用呈突发性。为保证用户的良好业务感知，高铁场景需以专网形式建设，实现专网信号在高铁线路区域的主导覆盖，在沿线抱杆上背靠背安装一对RU和天线，分别覆盖铁路两边，形成线性覆盖，4G与3G同覆盖共模组网，如图3－17－1所示。

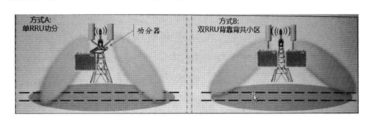

图3－17－1　4G与3G同覆盖共模组网

建设高铁专网的初衷，只是覆盖高速铁路带状区域和出入口，业务量需求只满足列车上用户的。然而，无线小区资源是一个共享资源，同一个小区里，除了列车上的用户，还有一些公网用户，因过车、会车或停车，当用户数急剧增多时，每个用户获得的速率将逐渐下降，用户感知度也将随当用户数超过系统容量时可能导致部分用户无法接入，已接入用户感知度变差。

一、高铁场景优化方法

隧道场景解决方案根据隧道长短不同，分为长隧道、中隧道和短隧道，对于隧道场景的覆盖如果可采用RRU＋泄露电缆方式进行覆盖，优先采用泄露电缆进行覆盖，对于短隧道无泄露电缆则采用高增益定向天线进行覆盖，同时高铁场景下进行多物理小区合并组合成一个逻辑小区时，需避免合并后的逻辑小区间切换带位于隧道口（即多物理小区合并后，覆盖隧道口的RRU与覆盖隧道内RRU组成一个逻辑小区）。对于短隧道场景，多个物理小区合并后，需避免逻辑小区间切换带位于隧道口；中距离隧道禁止多个物理小区合并后逻辑小区间切换带位于隧道口，且尽量避免切换带位于隧道内；长隧道场景禁止逻辑小区间切换带位于隧道口。对于中长距离的隧道场景，一般每500m存在一个安装设备的洞口即RRU的安装点。前期通过隧道的摸底和高铁上测试数据分析，在采用单RRU8984＋泄露电缆的组网方式，当泄露电缆长度超过300m后，存在信号急剧衰减导致的弱覆盖，所以对于超过300m的泄露电缆两端均需连接RRU，避免因信号衰减导致的弱覆盖。隧道出入口位置因泄露电缆只连接了1台RRU导致距离该RRU超过300m的位置信号急剧衰减造成的弱覆盖。

短距离隧道：对于长度小于500m的短距离隧道，优先采用RRU＋泄露电缆的方式进行覆盖。对于无泄露电缆RRU设在隧道外两端，配合高增益定向天线，对隧道内进行直接覆盖，多物理小区合并后，禁止逻辑小区间切换带设在隧道内和隧道口（即多物理小区合并后，覆盖隧道口的 RRU 与覆盖隧道内 RRU 组成一个逻辑小区），隧道前后的两个物理小区采用超级小区合并技术，减少切换。如图 3－17－2 所示。

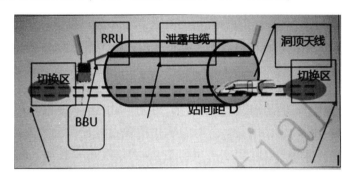

图 3－17－2　短隧道场景组网示意图

中距离隧道：对于 500－1000m 的中等距离隧道，采用 RRUU＋泄露电缆方式进行覆盖，建议每 500m 采用两台 RRU 连接漏缆方式。对于此种场景，由于隧道内车速较快，隧道前后多个物理小区设为 supercell，同时避免多物理小区合并后逻辑小区间切换带位于隧道口和隧道内。图 3－17－3 是中距离隧道场景组网示意图。

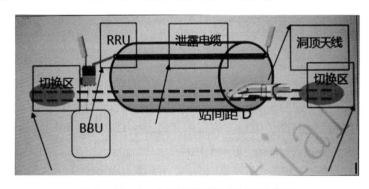

图 3－17－3　中距离隧道场景组网示意图

长距离隧道：长度大于 1000m 的长距离隧道，建议在隧道内采用 RRU 作为信号源，铺设泄露电缆来解决覆盖问题，且禁止隧道口作为逻辑小区的切换带。图 3－17－4 是长距离隧道场景组网示意图

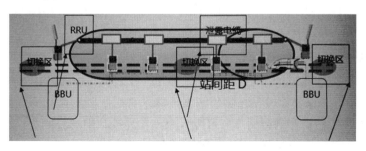

图 3－17－4　长距离隧道场景组网示意图

二、隧道场景优化方法

短距离隧道覆盖方式：隧道口左侧区域：BBU 靠近隧道口附近，用第 1 路 RRU 连接天线覆盖。隧道内：第 2 路 RRU 连接泄露电缆覆盖隧道内，并和第 1 路 RU 合并为同一小区：如果隧道长度小于 RRU 功率分配后的有效漏缆覆盖长度，则第 1 路和第 2 路可以用一个 RRU 功率分配实现。隧道口右侧区域：在第 2 路 RRU 连接的泄露电缆末端再连接洞顶天线覆盖。切换设置：（1）隧道内无切换。（2）隧道口内外合并为同一小区进行覆盖，以减少切换。

中路距离隧道覆盖方式：隧道口左侧区域：BBU 靠近隧道口附近，用 1 路 RRU 连接天线覆盖。隧道内：用 RRU 二功分后连接泄露电缆覆盖隧道内，根据隧道长度确定需要几个 RRU，并和第 1 路 RU 合并为同一小区进行覆盖。隧道口右侧区域：用 1 路 RRU 连接天线覆盖，也可以考虑在泄露电缆末端连接洞顶天线。切换设置：（1）隧道内无切换。（2）隧道口内外合并为同一小区进行覆盖，以减少切换。

长距离隧道覆盖方式：隧道口左侧区域：BBU 靠近隧道口附近，用 1 路 RRU 连接天线覆盖。隧道内：用 RRU 二功分后连接泄露电缆覆盖隧道内，根据隧道长度确定需要几个 RRU，相邻 RRU 之间尽量合并为同一小区，并按重叠切换区要求将切换带设置在隧道内。隧道口右侧区域：BBU 靠近隧道口附近，用 1 路 RU 连接天线覆盖。（1）隧道太长，不能做到同一小区覆盖，隧道内有切换。（2）隧道口内外合并为同一小区进行覆盖，以减少切换。

隧道群覆盖方式：每个隧道：根据前面所述的短距离、中距离和长距离隧道覆盖方式进行设置。隧道之间：根据隧道间距离大小，优先通过合并不同 RRU 为同一小区方式来覆盖多个隧道，否则需要按照重叠切换区要求设置两个隧道之间的切换带。切换设置：每个隧道：和前面所述的短距离、中距离和长距离隧道的切换设置相同。隧道之间：相邻隧道间优先合并为同一小区进行覆盖，以减少切换。

覆盖射频优化用 KML 制作工具，结合工参，生成 Google 图层，在 Google 地球上打开图层。依据谷歌地图和站点经纬度图层调整方位角，下倾角一般在 6° 左右，根据实际情况调整，避免塔下黑。天线水平波束宽度默认不需要修改。现场测试，沿着高铁线路测试，确保高铁下面 RSRP 值稳定在 −70dBm 左右，切换带足够大，达到 200m，切换点居中。部分地段不通车，有河流阻挡，需步行测试。有问题站点必须进行 RF 调整、现场测试，然后再进行高铁测试。有告警站点第一时间排除，如传输误码率高站点、退服站点。对比分析 RF 调整前后测试数据，输出简单的调测对比报告。外场天馈调站的人员固定，保证对 RF 调整熟悉。

三、切换邻区关系策略及优化

建议高铁初期组网建设时一般采用单载波组网方式，其中 BPL1 基带板支持 4CP 高铁，BPN2 基带板支持 6CP 高铁，相关邻区配置整体原则为：

单载波组网邻区规划非月台站点邻区配置原则：高铁专网和公网相对独立，仅在列车停靠车站与公网配置邻区有关系；列车运行中月台专网小区和公网小区不配置为邻区，用户不允许切换到公网，相邻小区一般设置 1 到 2 层的专网即可。月台站点邻区配置原则：候车室室内站点需与公网小区进行相应的邻区配置即进站切换顺序为公网站点候车室室内站点月台专网、出站切换顺序为月台专网通道的室内公网站点，对应的顺序需设置相应的邻区关系，对于出口无室内桥接的情况，需月台专网直接配置公网小区为邻区，且建议该桥接的公网小区与周边其他的公网小区采用异频组网。优化初期，高铁两侧可以考虑与 4G 公网添加单向邻区关系，公网向专网方向单向切换，建站完毕，需删除邻区关系。如果高铁不同段有异厂家专网，在厂家分界区域也需互加邻区。

多载波组网邻区规划随着 FDD 用户数的不断发展，单载波组网下容量出现受限，为解决容量受限导致的用户感知下降，采用新增频段即采用双载波的组网方式，提升系统容量，进而提升用户感知，邻区规划整体原则如下（以 band3 + band1 为例，双载波配置原则相同）。

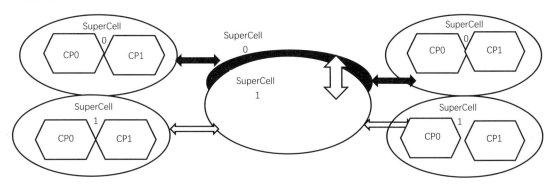

图 3 – 17 – 5　高铁 Super CA 结构示意图

扩容后新增的逻辑小区相关邻区规划原则同单载波，相邻的多载波小区之间，仅同频的相邻小区互配邻区，异频的相邻小区不互配邻区。多载波同覆盖小区，互配邻区（目的用户负荷均衡），且将 ClO 设为 – 24dB，避免发生基于覆盖的切换。新增的扩容小区相关的异系统邻区继承原有的同覆盖异系统的邻区规划。对于月台区域新增的逻辑小区对应的公专网邻区规划继承原有的同覆盖小区的邻区规划。

四、高铁场景功能 Feature

（一）高铁 SuperCell

功能概述：高铁终端移动速度快，频繁切换与重选易导致通信中断，降低用户体验，高铁采用 Supercell 技术可将不同 RRU 采用相同的频率和参数设置，在逻辑上设置为同一小区，通过将相邻的 RRU 设置为同一小区，可以有效避免传统方案中切换过于频繁的问题，同时可以缓解小区间的干扰问题（图 3 – 17 – 6）。

按照单小区覆盖半径 500m 计算，6CP 超级小区可将小区半径扩展到 3km，较单 CP 覆盖切换频率大幅降低，对于高铁性能会有明显增益。

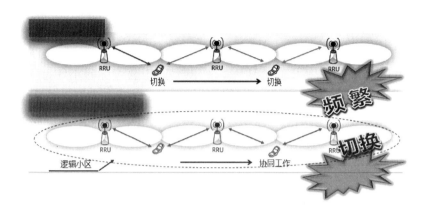

图 3 - 17 - 6　高铁 SuperCell

表 3 - 17 - 1　高铁不同 CP 超级小区覆盖对比

小区合并配置	逻辑小区覆盖范围	切换频率 时速 300km/h	
2CP	1km	12Hz	
3CP	2km	24Hz	
4CP	3km	36Hz	

（二）下行频偏补偿

1. 高铁频偏问题现状分析

高铁超级小区组网过程中，同杆的两个 RRU 通常采用背靠背的方式进行布设，每个 RRU 称为 1 个 CP。

在超级小区组网的场景下，必然会出现杆间的重叠区 UE 接收到来自两个不同方向上的信号，这两路信号的频偏方向相反，功率相当，两路信号叠加后会产生频偏正负叠加效应，严重时会使 UE 接收到的信号功率骤降，从而导致 UE 解调失败等问题。尤其在高速场景下，对于市面存量的高通系旧版本终端，频偏跟踪最大能力仅能支持正负 500Hz，此时终端在小区重选，同小区跨 RRU 场景下存在一定概率无法正常跟踪频偏变化，此时终端极易造成脱网，影响高铁性能。如表 3 - 17 - 2 所示是不同速率、不同频率下频偏变化范围，可见频偏与终端的移动速率和工作的频段有直接的关联。

表 3 - 17 - 2　频偏变化范围数值表

频段	移动速度（km/h）	下行频偏（终端侧）	上行频偏（eNodeB 侧）
	250	− 208Hz ～ + 208Hz	− 417Hz ～ + 417Hz
900M	300	− 250Hz ～ + 250Hz	− 500Hz ～ + 500Hz
	350	− 292Hz ～ + 292Hz	− 583Hz ～ + 583Hz

频段	移动速度（km/h）	下行频偏（终端侧）	上行频偏（eNodeB 侧）
	250	−417Hz ~ +417Hz	−834Hz ~ +834Hz
1.8G	300	−500Hz ~ +500Hz	−1000Hz ~ +1000Hz
	350	−583Hz ~ +583Hz	−1166Hz ~ +1166Hz
	250	−486Hz ~ +486Hz	−972Hz ~ +972Hz
2.1G	300	−583Hz ~ +583Hz	−1166Hz ~ +1166Hz
	350	−680.5Hz ~ +680.5Hz	−1361Hz ~ +1361Hz

2. 下行频偏补偿原理

下行频偏预补偿主要是利用多普勒频偏在下行体现为单倍频偏和上行体现为双倍频偏的特点，根据基站侧维护的上行频偏值计算得到单倍的多普勒频偏值，在基站发端对信号进行预补偿，进而提升终端的解调能力。图 3 − 17 − 7 是频偏示意图

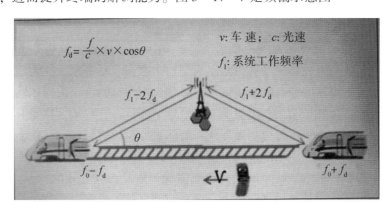

$$f_d = \frac{f}{c} \times v \times \cos\theta$$

v: 车速；c: 光速
f_1: 系统工作频率

$f_1 - 2f_d$ $f_1 + 2f_d$

θ

$f_0 - f_d$ $f_0 + f_d$

图 3 − 17 − 7　频偏示意图

基站利用每个 CP 上维护的所有（UE 有效历史频偏值，利用该 CP 上维护的上行有效频偏值确定下行的频偏补偿，同时基站根据每个 CP 的正负频偏值即当频偏高于一定的值时，开启该功能，当列车会车时不进行相关的频偏补偿。当某个 CP 激活了下行频偏预补偿之后，需要持续监测该 CP 上所维护的所有 UE 的上行频偏值，一旦不满足下行频偏预补偿的激活条件或有列车通过时，则立即停止该 CP 的下行频偏预补偿。

3. 下行频偏补偿参数设置

下行频偏预补偿涉及主要参数如表 3 − 17 − 3 所示。

表 3 - 17 - 3　下行频偏预补偿参数

MO 短名	参数名称	参数短名	取值范围	高铁建议值
EUtranCellFDD	下行频偏预补偿开关	freqOffCompen-SwchD1	下行频偏预补偿开关	1：打开（Open）
EUtranCellFDD	频偏上报有效门限	freqOffRptValidThr	频偏上报有效门限	200
EUtranCellFDD	启动下行预补偿概率门限	startPreCompenRa-tioThr	启动下行预补偿监测概率门限	0.9
EUtranCellFDD	停止下行预补偿监测概率门限	stopPreCompenRa-tioThr	停止下行预补偿监测概率门限	0.6
EUtranCellFDD	最高运行速度指示	speedInd	最高运行速度指示	300km/h

3.17.2　大型场馆优化

一、大型场馆覆盖概述

场景介绍：大型场馆包括大规模的剧院、展馆、体育场等建筑物。这些场所视野开阔，容纳人数众多。此类场馆移动通讯特点为用户密度高、话务量大，突发性强，依靠室外覆盖的宏站不能解决这些地方的容量需求，必须运用特殊的覆盖手段加以解决。

覆盖难点分析：大型场馆当有重要活动或适逢节假日，会在短期内聚集起数万人，移动通讯需求急剧增加，如采用传统覆盖方式，要满足海量的通讯需求，需多小区做满载波配置似乎是唯一方案，但当活动结束时，业务量迅速回落，这些满配的资源将造成极大浪费；同时，由于大型场馆结构的空旷性，造成馈线布放及天线安装空间及美化上的困难。总体来说，大型场馆的覆盖主要存在以下特点：

闲时话务量低，突发话务量大，业务模型存在不均衡性；

峰值业务量极高（如办大型赛事、演出活动）；

高端用户多；

建筑内部信号普遍较弱；

相对于室外宏站覆盖，覆盖区域不大，容量高，单小区不满足容量需求，多小区间易存在干扰；

内部结构空旷，建筑物阻挡少、隔离小，覆盖控制困难；

线缆布放困难，有些场馆美化要求高；

目标区域明确，避免对区域外形成干扰。

二、解决方案

大型场馆覆盖基本原则：通常大型场馆覆盖应遵循的基本原则如下：（1）场馆内采用专用小区覆盖，避免同场馆外宏站的切换区发生在场馆区内。（2）覆盖区域一般比较空旷，为了控制切换区域，优先考虑使用定向天线。（3）以容量受限为主，采用多载频或多小区解决容量问题。（4）如果频段资源丰富，优先采用异频组网，避免小区间的干扰。（5）对于场馆内的 VIP 区域/包厢，可以考虑额外小区直放站进行针对性覆盖。（6）增加切换门限，尽可能减少不同小区间的切换。（7）要考虑语音业务的实现方式及业务保障。

覆盖控制：由于信号泄露会给系统带来过多的干扰，导致覆盖变差，因此，在设计时要尽量减小信号泄露，根据不同的环境，开阔区域一般采取以下 3 种方式：（1）采用"多天线，小功率"的方式，此种情况下，天线基本都是全向天线，覆盖场馆的中间区域；（2）采用定向板状小天线覆盖，特别是窗口处，使用定向天线朝向室内覆盖，可以有效解决室内信号外泄和室外信号对室内的影响，如窗口处专用小区和室外宏小区频繁重选/切换；（3）多波束板状天线，易于控制覆盖，且可以提供很高的容量。这类天线一般和室外站天线增益接近；可以对区域内提供非常好的覆盖，避免场馆内发生与场馆外的切换，保证场馆内的覆盖质量。

容量估计：针对大型的体育场馆、商城、办公楼等存在容量受限的情况下，需要基于容量需求进行网络设计。由于运营商熟悉当地详细情况，有翔实的 3G 话务统计数据，建议运营商提供 3G/LTE 的市场渗透率及业务模型。容量计算有 2 种方法：基于话务模型计算的用户容量和控制信道容量。由于 LTE 相对于 2G/3G 可以提供很高的速率，基于话务模型计算出来的用户容量很高，此时受限于控制信道容量，则取控制信道容量。

组网介绍：场馆由于是容量受限，信号源可以选择宏基站、微基站、BBU + RRU、Pico、Femto 等站型作为信号源，提供容量需求，在一些特殊区域可以用直放站来增强局部区域的覆盖。下面主要介绍涉及到的站型及器件。

宏基站 + 分布式系统或者多小区天线宏基站 + 无源分布式系统/多小区天线方案是最普遍的室内覆盖解决方案，能够提供大容量及占用较小的机房空间。LTE 也可以采用这种传统的解决方案。无源室内分布系统的特点是采用大量的射频无源器件将基站的无线信号传输到需要覆盖的各个区域地区。

微基站 + 分布式系统或者多小区天线微基站是一种适用于室内覆盖的解决方案 [BS8920/BS8912 的输出功率分别为 210W/（2 * 5W）]。其典型特性为：基站体积小，重量轻，支持 220V 交流供电，可以挂墙安装。

BBU + RRU + 分布式系统/多小区天线 BBU + RRU 的覆盖解决方案是分布式基站思想在室内覆盖中的体现，这种方案同时具有光纤分布解决方案的低成本，易施工的特性，又具备微基站方案易安装的优点，是 FDD – LTE 系统中特殊区域覆盖的首选的解决方案，也是当前商用场景使用最多的方案。该方式信号源为由 RRU 和 BBU 组成。RRU 与 BBU 分别承担基站的射频处理部分和基带处理部分，各自独立安装，分开放置，通过电接口或光接口相连接，形成分布式基站形态。它能够共享主基站基带信道资源，根据话务容量的需求灵活地更改站点配置和覆盖区域。

Pico（BS8202）Pico 站是另一种大覆盖、中等容量的微小区覆盖解决方案。Pico 站 BS8202 的输出功率为 2W，覆盖半径小于 500m，质量小于 3kg，既可以支持内置天线又可以支持分布式天线，并且可以灵活安装在任何地方。Pico eNodeB 支持 220/110V 交流或直流供电。直流供电可以由专用的电源线或经过改造的电话线来提供。

Femto（BS8102/BS8002）：Femto 站根据发射功率的不同分企业级和家庭级，体积小，耗电低，可以根据需要灵活放置，是室外覆盖的补充，适合用于大型场馆中的某些重要场所，譬如 VIP 包厢等。有以下优点：组网灵活，由于 Femto 体积小，耗电低，不需要额外的天馈系统，根据覆盖需要灵活放置。提高服务质量和容量：引入 Femto，改善了室内信号覆盖质量，可以明显提高用户的宽带和语音服务质量，为用户提供更优质丰富的服务；同时相当于引入了基站，也增加了全网的容量。

DAS 全系列室分产品室内覆盖系统为信源信号通过天馈系统进行分路，经由馈线将无线信号分配到每一副分散安装在建筑物各个区域的低功率天线上，从而实现室内信号的均匀分布。在某些需要延伸覆盖的场合，使用干线放大器对输入的信号进行中继放大，达到扩大覆盖范围的目的。该系统主要包括干线放大器、射频同轴电缆、功分器、耦合器、电桥、天线等器件。

3.18　VoLTE 专题优化

3.18.1　VoLTE 接通率优化 VoLTE 呼叫失败

主叫发送第一条 INVITE 后收到网络侧下发的 200 OK（INVITE）消息为成功完成呼叫，其他都算未接通。VoLTE 呼叫失败涉及的原因有多种，包括终端、eNB、MME、IMS（SBC、DRA 等）等都有可能，以下只是简单介绍，主要侧重排查思路，后续 VoLTE 异常未接通问题的优化难点和重点将是与 IMS、EPC、终端协同分析和定位过程。

一、终端版本原因

HTC 终端早期因版本在寻呼处理上有问题，存在寻呼不到或时延较大而触发 Cancel，寻呼被叫的过程中，在基站转发了寻呼消息后，信令上一直没显示被叫终端已收到包含其 TMSI 的寻呼消息。

二、无线覆盖问题

由于终端处在弱覆盖区域，同时干扰也很大，RSRP 及 SINR 都非常差，导致 SIP 信令交互无法完成，最后呼叫失败。

三、IMS 原因

IMS 涉及的网元较多，产生问题的原因有多种，当根据无线侧数据无法分析定位问题时，需要联合 EPC、IMS 进行跟踪抓包来分析具体问题并解决。

（1）SBC 发送的 AAR 消息的 flow - description 部分中的 IPV6 地址携带了 ｛｝ 书写格式，华为 PCRF 在转换过程中不识别解析失败，导致呼叫失败。中兴 SBC 打补丁后问题得以解决。

（2）SBC 发送的 STR 消息未携带 D - Host 信息，华为 LDRA 转发不成功导致未接通，SBC 发送的 STR 携带 D - Host 消息后问题得以解决。

（3）SBC 收到被叫的 UPDATE 200 OK 后没有转发，Update 的 200 OK 触发了 Rx 接口，Rx 触发时申请异步动态数据区失败，原因是在计算数据区大小的时候没有考虑结束符 \0，在临界值的时候申请数据区就会失败，可以升级版本解决。

（4）中兴 SBC 发送的 AAR 消息携带了 D - Host 信息，DRA 会直接根据目的主机名进行消息转发而不再走会话绑定查询流程，导致未接通。SBC 发送的 AAR 消息不携带 D - Host 信息后问题解决。

四、参数配置原因

（1）基站配置了祖冲之算法，但核心网未配置，导致未接通，核心网配置祖冲之算法后问题得以解决。

（2）eNB 参数配置异常导致 QC15 承载建立失败而引起未接通。

3.18.2　接通时延专题优化 VoLTE 呼叫建立时延

呼叫建立时延问题涉及较多网元，如 eNB、MME、SGW、DRA、SBC、I/S - CSCF 等网元，需要开展端到端分析。排查思路：确认是否终端问题，可以更换其他终端尝试进行初步排除；eNB 侧通过 debug 抓包判断 eNB 是否处理时延较长，若无异常，联合 IMS 抓包排除；eNB、EPC、IMS 网元进行时间校准，将 IMS 相关网元（P - SCSF、PCRF、AS、S - sSCSF、HSS、DRA）的数据包汇聚到一个 GE，抓取该 GE 中 IP 数据包，同步抓取 SGW、MME 的数据包，获取各 SIP 信令在不同的网元的时间点，从网元和 SIP 信令两个维度进行分段统计，统计时长占比较大的网元和 SIP 信令。其他问题，如传输故障或参数配置问题等，需要分专业进行排查。终端测试短呼时，两次时间间隔设置过短，被叫用户无法完全进入 IDLE 态，新的呼叫发起，被叫还处于连接态转 IDLE 过程暂态，收不到寻呼，通过网络多次寻呼才能成功，导致整体端到端呼叫延迟达 6 ~ 9s。如终端版本问题，导致发送多次 Invite 消息，升级版本后问题解决，如：HTC m8t 终端 INVITE SIP 信令在 UE 的应用层到业务层的时候丢了。高通工程师反馈是芯片问题导致，芯片升级到 4.0 版本后，INVITE SIP 信令丢失问题得以解决。

一、丢包原因分析

通过分析路测 log 数据，丢包率主要影响为：

邻区漏配导致重建立。测试 log 中出现 3 次因为无线链路失败引起的重建立，进一步分析无线链路失败是因为邻区漏配导致重建立，重建立会导致大量丢包，影响丢包率指标；

上行干扰导致 Hargfail。测试数据显示，在切换带 RSRP 为 - 104dBm，SINR = - 2dB 时，上行 Bler 高，上行较多重传，出现 harqfail；

PDCCH 干扰校大，DCI0 lost，上行弃包。DCI0 lost 后，上行出现攒包，PDCP Discard Timer 超时后上行出现弃包。

二、丢包率优化手段互操作策略调整方法

高干扰小区：提取两周小区级天粒度小区载波平均噪声指标，15d 内出现至少 7d 载波

平均噪声干扰大于 – 105dBm 的小区为高干扰小区；

低干扰小区：认为不满足高干扰小区条件的小区称为低干扰小区；

互操作参数调整方法：对于大多数局点，同频切换使用 A3 事件，采用相对门限进行判断切换。对于异频切换，主要是涉及异频测量事件 A2 门限和切换判决事件（A3，A4，A5 都有）。因此需要针对现场具体情况进行设计；

可通过路测数据分析 MOS 值出现拐点时的 RSRP 值，进而保证语音异频测量事件 A2 门限高于此 RSRP 值；

目标频点区分高低干扰小区后，尽可能让 VoLTE 用户呆在低干扰小区。以某业务区为例，因为 L800 覆盖好于 L1.8 和 L2.1，让 1.8G 和 2.1G 小区 VoLTE 用户很容易切换到 L800 低干扰小区，即 L1.8 和 L2.1 的 A5 – 2 门限稍低；让 1.8G 和 2.1G 小区 VoLTE 用户很难切换至 L800 高干扰小区，且让 L800 很容易切换到 1.8G 或者 2.1G 小区，即 1.8G 和 2.1G 的 A5 – 2 门限稍高，且 L800 的 A5 – 2 配置稍低。

3.18.3 VoLTE 掉线率优化

Volte 掉线率处理思路：

按照掉线率分子，提取细分原因的计数器，查看由那类计数器引起的失败次数最多，针对性处理。

正常情况下，某个小区周边都存在邻区，如果无线环境不是很差，都可以通过切换的方式改变服务小区。当某个站点缺失邻区或者邻区添加不合理，会导致切换不能够及时进行，缺失邻区会对服务小区造成比较严重的干扰，从而造成掉线。因此处理掉线率较高的小区时，需要核查邻区配置是否合理。

小区存在异频邻区时，需核查异频切换类参数是否配置合理。

核查小区是否存在超远覆盖，导致覆盖孤岛，无法切换到周边区。可以通过后台跟踪信令，观察测量报告，并补齐漏配的邻区，随后需要对覆盖进行控制。

对于因弱覆盖导致掉线，若终端处于覆盖边缘，周围无可用的 LTE 小区，可以添加系统间邻区，UE 通对 SRVCC 切换到 UMTS/GERAN。

4 NB – IoT 网络技术

4.1 NB – IoT 基本原理

为了应对日渐强烈的物联网需求，国际移动通信标准化组织 3GPP 决定制订一个新的蜂窝物联网（CIOT：Cellular Internet of Thing）的标准。该标准要实现四个目标：

超强覆盖，相对于原来 GPRS 系统，增加 20dB 的信号增益；

超低功耗，终端节点要能达到 10 年的电池寿命；

超低成本，终端芯片的目标定价为 1 美元，模块定价为 2 美元；

超大连接，200kHz 小区容量可达 100 万用户设备。

针对这些目标，很多通信公司及运营商都提出了自己设计的空中接口的建议方案，希望被 3GPP 标准化组织采纳为正式标准。在 2015 年 9 月的 RAN 69 会议上，经过一番激烈争论，最终确定了蜂窝物联网的空中接口方案为 NB – IoT。该方案消耗大约 180kHz 的带宽，使用 License 频段，可采取带内、保护带或独立载波等三种部署方式，与现有网络共存。可直接部署于 GSM 网络、UMTS 网络或 LTE 网络，以降低部署成本、实现平滑升级。

NB – IoT 的强覆盖

提升终端的发射功率谱密度（PSD，Power Spectral Density），如图 4 – 1 – 1 所示。

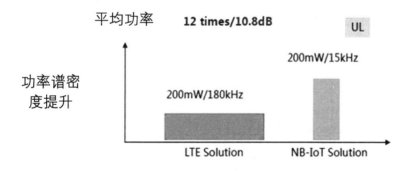

图 4 – 1 – 1　功率谱密度提升

NB – IoT 的带宽是 15kHz 和 3.75kHz 两种，LTE 的带宽与 NB – IoT 终端和 LTE 终端相比，平均功率提升了 10.8dB。

NB – IoT 通过重复发送，获得时间分集增益，采用低阶调制方式，提高解调性能，增强覆盖，可以增强 3～12dB。如图 4－1－2 所示。

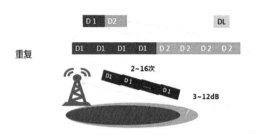

图 4－1－2　NB－IoT 重复

NB－IoT 的低功耗除了 IDLE 状态外，引入新的状态 PSM 状态（终端关闭射频接收，进入休眠），如图 4－1－3 所示。

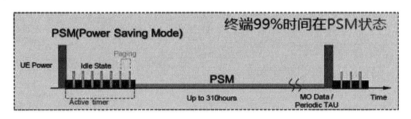

图 4－1－3　引入新的状态 PSM 状态

eDRX：相比 LTE 中的 DRX，非连续侦听接收周期由 2.56s 拉长为 2.92h；如图 4－1－4 所示。

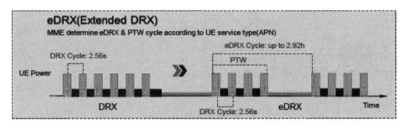

图 4－1－4　eDRX

更长周期的定期位置更新：定期位置更新周期由 LTE 目前的 2h 延长为 310h。如图 4－1－5 所示。

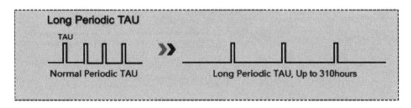

图 4－1－5　更长周期的定期位置更新

实现更多并发用户连接，终端低成本化；如图 4－1－6 所示。

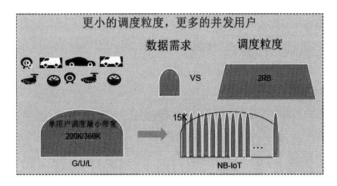

图 4 - 1 - 6　终端低成本化

小粒度调度：15kHz，180kHz 支持 200 万用户，如图 4 - 1 - 7 所示。

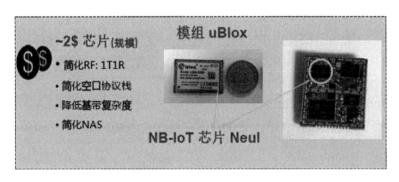

图 4 - 1 - 7　小粒度调度

基站 1T2R/2T2R，终端 1T1R，终端成本低。

NB - IoT 的部署：

NB - IoT 占用 180kHz 带宽，这与在 LTE 帧结构中一个资源块的带宽是一样的。NB - IoT 有以下三种可能的部署方式：

1）独立部署（stand alone operation）适用于重耕 GSM 频段。GSM 的信道带宽为 200kHz，这对 NB - IoT 180KHz 的带宽足够了，两边还留出来 10kHz 的保护间隔。

2）保护带部署（guard band operation）适用于 LTE 频段。利用 LTE 频段边缘的保护频带来部署 NB - IoT。

3）带内部署（in - band operation）适用于 LTE 频段。直接利用 LTE 载波中间的资源块来部署 NB - IoT。如图 4 - 1 - 8 所示。

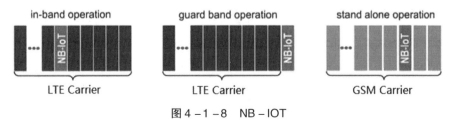

图 4 - 1 - 8　NB - IOT

4.2 NB – IoT 物理层

下行物理层结构频域分析：NB 占据 180kHz 带宽，12 个子载波，子载波间隔 15kHz。时域分析：NB 下行一个时隙长度为 0.5ms，每个时隙中有 7 个符号。NB 基本调度单位是子帧，每个子帧 1ms，每个无线帧包含 10 个子帧，每个系统帧包含 1024 个无线帧，每个超帧包含 1024 个系统帧。1 个超帧的总时间为 （1024 * 1024 * 10）/（3600 * 1000）= 2.9h

上行物理层结构频域分析：NB 占据 180kHz 带宽，可支持 2 种子载波间隔 15kHz；最大可支持 12 个子载波 3.75kHz；最大可支持 48 个子载波 3.75kHz，相比 15kHz 将有更大的功率谱密度 PSD 增益。NB 在频域资源调度的时候支持两种资源分配模式：Single – Tone（1 个用户使用 1 个载波，低速应用，针对 15kHz 和 3.75kHz 子载波都适用）Multi – Tone（1 个用户使用多个载波，高速应用，仅对 15kHz 子载波间隔）。时域分析：15kHz 子载波间隔，1slot = 0.5ms，3.75kHz 子载波间隔，1slot = 2ms

上行资源单元 RUNB 下行频域调度粒度是子载波；时域上是子帧调度，TTI = 1ms；上行有两种不同的子载波间隔形式，上行的调度资源单位为 RU（Resource Unit）。

4.3 实 NB – IoT 网络架构

一、NB 的端到端系统架构

NB 的端到端系统架构如图 4 – 3 – 1 所示。

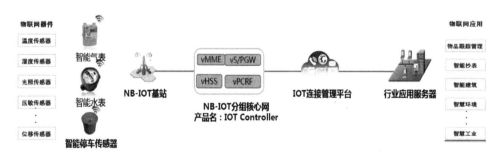

图 4 – 3 – 1　NB 的端到端系统架构

NB 终端通过空口接入基站。NB 基站空口接入处理，小区管理，通过 S1 – lite 接口与 NB 核心网进行连接。IoT 核心网承担终端非接入层交互的功能。IoT 平台汇聚从各种接入网得到的 IoT 数据，并根据不同类型转发至相应的业务应用器进行处理。应用服务器是 IoT 数据的最终汇聚点，根据客户的需求进行数据处理等操作。

二、UP 和 CP 传输优化方案

为了适配 NB 的数据传输特性，协议引入了 CP 和 UP 两种传输优化方案。CP 方案通过在 NAS 信令传输数据，UP 方案引入 RRC Suspend/Resume 流程，均能实现空口信令交互减少，降低终端功耗。CP 方案不需要建立数据无线承载 DRB，直接通过控制面高效传递用户数据，NB 必须支持 CP 方案。

三、工作状态

NB – IoT 在存在三种工作状态：

Connected（连接态）：模块注册入网后处于该状态，可以发送和接收数据，无数据交互超过一段时间后会进入 Idle 模式，时间可配置。

Idle（空闲态）：可收发数据，且接收下行数据会进入 Connected 状态，无数据交互超过一段时间会进入 PSM 模式，时间可配置。

PSM（节能模式）：此模式下终端关闭收发信号机，不监听无线侧的寻呼，因此虽然依旧注册在网络，但信令不可达，无法收到下行数据，功率很小。持续时间由核心网配置（T3412），有上行数据需要传输或 TAU 周期结束时会进入 Connected 态。

4.4   NB – IoT 信令流程

4.4.1   NAS 流程

附着（ATTACH），如图 4 – 4 – 1 所示。

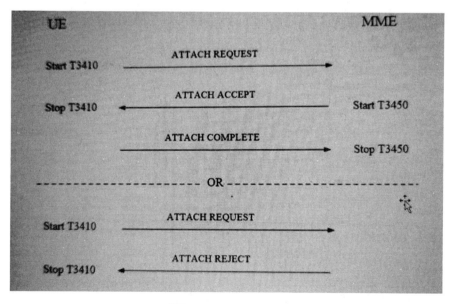

图 4 – 4 – 1   ATTACH

位置更新（TAU）如图 4 – 4 – 2 所示。

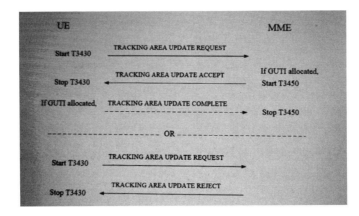

图 4 – 4 – 2　TAU

业务请求（Service Request）如图 4 – 4 – 3 所示。

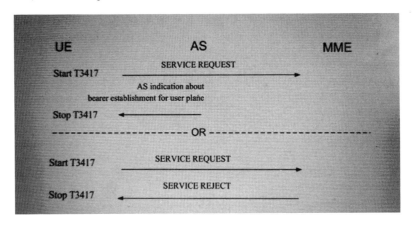

图 4 – 4 – 3　Service Request

4.4.2　AS 信令流程

系统信息发送如图 4 – 4 – 4 所示。

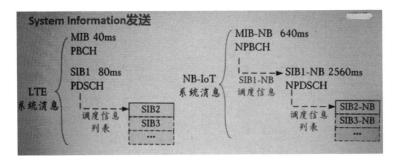

图 4 – 4 – 4　系统信息发送

RRC 信令重建如图 4 – 4 – 5 所示。

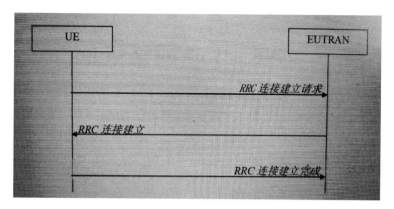

图 4 – 4 – 5 RRC 重建立

CP&UP 数据传输 CP 模式：无 DRB。数据通过承载在 SRB 上的 NAS PDU 传输 CP 模式：MO 控制面数据传输流程。

5 NB-IoT 网络优化

5.1 专项优化

5.1.1 重选优化

一、重选流程

NBIOT 由于移动性要求不高，在移动的时候主要通过小区重选来完成服务小区的变更，主要流程如图 5-3-1 所示。

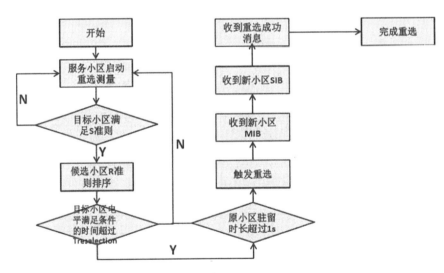

图 5-1-1 重选流程 NBIOT

二、UE 重选

UE 重选测量启动的准则 Srxlev > S-IntraSearchP 时，不启动同频测量。

Srxlev = Qrxlevmeas - Qrxlevmin - Pcompensation - Qoffsettemp

Srxlev：小区选择接收电平值（dB）；Qrxlevmeas：服务小区的小区接收电平值（dBm）Qrxlevmin：小区选择所需的最小 RSRP 接收水平（dBm）；Pcompensation：这个参数根据终端的能力来确定，协议对这个参数的解释如下：If the UE supports the additionalP-max in the NS-PmaxList-NB, if present, in SIB1-NB, SIB3-NB and SIB5-NB：max（PEMAX1-PPowerClass, 0） - （min（PEMAX2, PPowerClass） - min（PEMAX1, PPower-

Class））（dB）；else：if PPowerClass is 14 dBm：max（PEMAX1 －（PPowerClass － Poffset），0）（dB）；else：max（PEMAX1 － PPowerClass，0）（dB）

Qoffsettemp：UE 接入小区失败后的惩罚性偏置。

IntraSearchP：指示小区重选过程中是否执行同频测量了的 RSRP 判决门限。

三、候选小区选择 S 准则

候选小区 Srxlev > 0 且 Squal > 0，Srxlev = Q rxlevmeas －（Q rxlevmin + Q rxlevminoffset）－ Pcompensation

Srxlev：候选小区选择接收电平值（dB），UE 根据此值的来判断是否选择目标小区。

Q rxlevmeas：候选小区参考信号接收功率 RSRP 值，单位 dB。Qrxlevmin：候选小区选择所需的最小 RSRP 接收水平（dBm）。

Pcompensation：max（PEMAX_ H － PPowerClass，0）（dB）

Qrxlevminoffset：小区选择所需的最小 RSRP 接收电平偏移（dB），该参数仅在跨 PLMN 重选时才用到，不存在时默认为 0。Squal = Qqualmeas － Qqualmin － Qoffset temp。

Squal：小区选择接收质量值（dB），UE 根据此值的来判断是否选择目标小区 Qqualmeas：候选小区参考信号接收功率 RSRQ 值，单位 dB。

Qqualmin：候选小区满足频内小区重选条件的最小质量电平门限。

Qoffset temp：小区选择所需的最小 RSRQ 接收电平偏移（dBm）。

小区重选 R 准则 UE 将为所有满足小区选择 S 准则的小区按 R 准则定级排队，如果某个小区排队为最好小区，UE 将对该小区执行重选。Rs = Qmeas，s + QhystRn = Q meas，n － Q offsetR s：服务小区定级值。Rn：邻区定级值。Qmeas：小区重选时测得的 RSRP 值。Qhyst：服务小区重选迟滞（dB）。Q offset：重选时相邻小区对服务小区偏差（dB）。

外场测试重选参数建议设置值可参考下表 5 － 1 － 1。

表 5 － 1 － 1　外场测试重选参数建议设置值

参数数名	参数缩写	外场测试建议值
小区选择所需的最小 RSRP 接收水平（dBm）	selQrxLevMin	－ 120
小区选择所需的最小 RSRP 接收电平偏移（dB）	qrxLevMinOffst	2
UE 发射功率最大值（dBm）	intraPmax	23
UE 发射功率最大值偏移（dBm）	intraPmaxOffset	4
服务小区重选迟滞（dB）	qhyst	1
配置 Snonintrasearch 参数	sNintraSrchPre	0
同/低优先级 RSRP 测量判决门限（dB）	snonintrasearch	14
频内重选 UE 发射功率最大值（dBm）	iIntraPmax	23
频内重选 UE 发射功率最大值偏移（dBm）	iIntraPmaxOffset	4
频内小区重选最小接收水平（dBm）	intraQrxLevMin	－ 120

续表

参数数名	参数缩写	外场测试建议值
配置同频 RSRP 门限	intraSearch	0
频内小区重选判决定时器时长（s）	tReselectionIntraEUTRA	0
小区重选过程中是否执行同频测量的 RSRP 判决门限（dB）	IntraSrchP	62
小区重选过程中是否执行异频测量的 RSRP 判决门限（dB）	IntraSrchP	50
UE 监听寻呼场合的 DRX 循环周期（Radio Frames）	defaultPagingCycle	1
连接建立失败偏移值	connEstFailOffset_ r13	0
重选时相邻小区对服务小区偏差（dB）	qofStCell	1

5.1.2 覆盖优化

一、覆盖优化流程

覆盖优化一般是在工程优化最关注的部分，一般通过路测来进行数据采集，然后基于路测数据进行分析，然后进行相关调整。优化流程不限于单站或者簇优化。一般流程如图 5 – 1 – 2 所示。

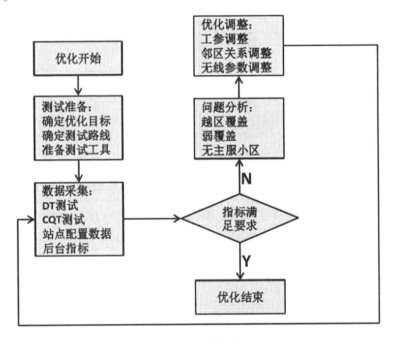

图 5 – 1 – 2　优化流程

二、覆盖常见问题和优化方法

NBIOT 网络的覆盖常见的问题有如下几类：

弱覆盖小区可以通过增强参考信号功率，调整天线方向角和下倾角，增加天线挂高，更换更高增益天线等方法来优化覆盖，同时要注意覆盖范围增大后可能带来的内外部干扰。

越区覆盖小区：减小越区覆盖小区的功率；增大天线下倾角；调整天线方向角；降低天线高度；

无主服小区：通过调整天线下倾角和方向角等方法，增强某一强信号小区（或近距离小区）的覆盖，削弱其他弱信号小区（或远距离小区）的覆盖。以上调整需要考虑对其他制式共天馈小区所带来的影响。

5.1.3　接入优化

接入优化，顾名思义是在接入阶段的优化，这个阶段指的是 UE 和 eNodeb 建立连接的过程，仅包含 UU 口的信息交互，不包含跟核心网 MME 的交互，包含小区搜索、获取系统信息、随机接入、RRC 连接建立的过程。

从 UE 发起随机接入前导开始到完成 RRC 连接，整个接入信令流程如图 5－1－3 所示。

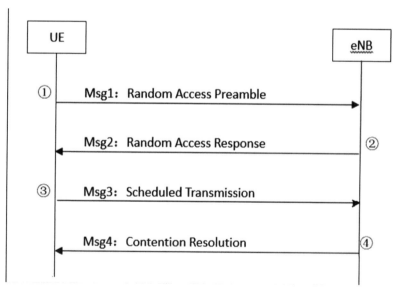

图 5－1－3　接入信令流程

一、接入性能优化的思路

首先保证无线参数按照以下原则来配置：

不同接入等级 NPRACH 时频域资源应错开，减少网络干扰，增加随机接入成功率。NPRACH 发送时机、频域位置及子载波数量的配置可以参考表 5－1－2 设置。

表 5-1-2　NPRACH 配置数值参考表

参数英文	参数中文	建议参考值
nPRACHResourceNum	NPRACH 资源数	3
nprach_ StartTime	CELNPRACH 发送时机	0:0:0 PCI%3 = 0
		1:5:5 PCI%3 = 1
		2:6:6 PCI%3 = 2
nprach_ SubcarrierOffset	CELNPRACH 频域位置	0:2:3
nprach_ NumSubcarrier	CELNPRACH 子载波数量	1:0:0

三个接入等级的 NPRACH 频域位置隔开，这样时域可以设置为一样。同时注意 PCI 模 干扰，PRACH 发送时机分别设置三套参数。

在 NB-IoT 系统中，SIBn 的调度引入了 SI 无线帧号偏移（si_ RadioFrameOffset）参数，相邻小区需要错开配置，以减少相互干扰，保证在刚开始小区选择阶段能够解出 SIBn。

（1）通过话统分析是否出现接入成功率低的问题，根据系统对接入成功率指标的要求启动问题定位或专题优化。

（2）针对性地进行 CQT 复现，同时录取 UE 和 eNB 信令分析接入流程在哪个阶段出现问题，做出相应排查。

（3）当无线环境 RSRP 差，上下行干扰强时会影响 PDCCH 调度信息的接收，上下行消息的发送和接收。通过控制或增强覆盖、排查干扰保证无线环境相对良好。

（4）排查是否由于容量导致无法接入，在 PRACH 接入阶段频域资源受限，或者 RRC 连接个数受限。

二、信令分析的排查思路

信令分析的排查思路可参考图 5-1-4。

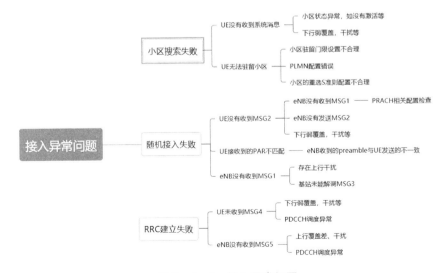

图 5-1-4　接入异常问题

5.1.4 容量优化

一、容量问题的分析流程

容量问题的分析流程如图 5 - 1 - 5 所示。

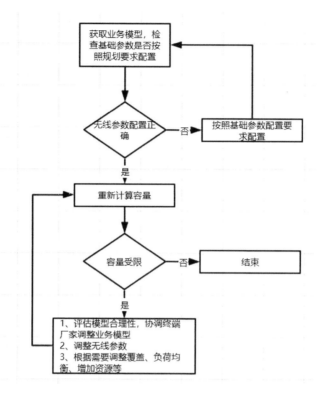

图 5 - 1 - 5 容量问题的分析流程

获取业务模型是一个比较关键的步骤，涉及到终端的厂家，通常需要客户帮忙协调。

二、寻呼容量

寻呼主要是由业务平台下发，因此需要获取下行的业务模型，要避免出现大量并发业务导致突发拥塞，一般建议采用分批次或者随机化进行寻呼，或者修改模型。跟寻呼容量相关的无线参数如表 5 - 1 - 3 所示。

表 5 - 1 - 3 跟寻呼容量相关的无线参数数值

参数名称	参数英文名	建议值	调整影响
寻呼时机因子（T）	nB	1/32	设置值减小；寻呼间隔小，寻呼容量变小 设置值增大，寻呼间隔大，寻呼容量增加， 一般建议值在 1/32 ~ 1/8 之间

续表

参数名称	参数英文名	建议值	调整影响
寻呼重复次数	PagingRepeatTime	0	重复次数增加，寻呼容量变小，重复次数减小，寻呼容量变大，一般建议设置 0 次，不重复

三、随机接入容量

随机接入容量受终端的接入次数影响，终端发起随机接入的周期越大，小区容量就越大，因此如果出现随机接入的容量问题，先检查业务模型中，终端发起随机接入的周期如何，如果不合理，要跟终端厂家沟通，修改接入模型。跟随机接入容量相关的无线参数如表 5 – 1 – 4 所示。

表 5 – 1 – 4　跟随机接入容量相关的无线参数数值

参数名称	参数英文名	建议值	调整影响
NPRACH 资源数	nPRACHResourceNum	3	覆盖等级为资源数为 1，随机接入容量最大，反之最小，但是要注意实际的无线环境，配置过小会导致部分无线环境差的小区无法接入，一般建议配置为 3，无线环境好的小区可以配置为 2
CEL NBPRACH 周期	Nprach_ periodicity	4：6：7	不同覆盖等级 NPRACH 周期减少随机接入容量增加，但会相应减少上行业务信道的容量
CEL NBPRACH 子载波数量	nprachNumSubcarriers	0：0：0	同一覆盖等级配置的子载波数量越多，随机接入容量越大，但是要注意同一个小区配置的子载波总量不能超过 48

四、业务容量

NB 网络的应用，主要以上行业务应用为主，上行业务容量受上行数据包大小的限制，系统跟厂家了解清楚数据包的发送模型，需要提前做好预估和控制，避免单次发包占用的系统资源过多，导致网络出现拥塞，导致系统性的问题。跟随机接入容量相关的无线参数如表 5 – 1 – 5 所示。

表 5 – 1 – 5　跟随机接入容量相关的无线参数数值

参数名称	参数英文名	建议值	调整影响
上行初始 MCS	UlinitialMCSCEL	4：4：4	对应覆盖等级的 MCS 编码越高，在业务需求一定的情况下，调用的上行物理资源就越少，对应的上行业务信道容量就越大，但是无线环境差的情况，基站的解调成功率低，容量就会受影响
MSG3 的 MCS 等级	Msg3MCSCELL	2：1：0	

续表

参数名称	参数英文名	建议值	调整影响
CEL NBPRACH 周期	Nprach_ periodicity	4:6:7	NPRACH 周期越大，消耗对应覆盖等级的上行业务信道资源越少，上行业务容量就增大，但是随机接入容量也会相应减少
CEL NBPRACH 重复次数	numRepeatPer PreambleAttempt	0:3:5	NPRACH 重复次数越大，消耗对应覆盖等级的上行业务信道资源越多，上行业务信道容量减少，相同无线条件下随机接入成功率会提高
3.75kACK 重复次数	norm375AckRepNum	0:0:4	对应覆盖等级的重复次数越小，上行业务信道容量越大，但基站几条成功率会下降
15kACK 重复次数	Norm15AckRepNum	0:3:6	
15kST Msg3 的重复次数	Msg3ReptNum 15STCEL	0:2:5	
上行 15kST 初始重复次数	UlInitialReptNum 15STCEL	0:2:6	
15kST PUSCH 最大允许重复次数	MaxPermitRept NumPus15kST	6	
下行初始 MCS	dlInitialMCSCEL	4:4:4	对应覆盖等级的 MCS 编码越高，同等速率的情况下，调用的时隙个人越少，对应下行业务信道容量越大，但无线环境差的情况下基站解调成功率会下降，需要根据实际的情况来设置
下行初始重复次数	DLInitialReptNumCEL	0:2:6	对应覆盖等级的重复次数越小，下行业务信道容量越大，但基站解调成功率会降低

5.1.5 5G 网络技术

一、5G 网络业务应用

5G 是第五代移动通信系统（5th generation mobile/wireless/cellular system）的简称，是 4G（LTE/WiMax）之后的新一代移动通信系统。4G 时代，3GPP 主导了 LTE 等标准（我们目前使用的 4G 技术），IEEE 主导了 WiMax 等标准（曾经在日本、中国台湾商用）。目前 5G 的主要标准化工作由 3GPP 完成。5G 的标准进展需要看 3GPP 的时间表，目前 5G 被分为两个阶段：Release 15 和 Release 16，被称作 New Radio（NR）。在设计 5G 的场景和目标时，ITU 直接采用了中国 IMT-2020 推进小组的两个场景（mMTC 和 URLLC），并归纳了 eMBB，因此这些场景如图 5 - 1 - 6 所示。

增强型移动宽带（eMBB，Enhanced Mobile Broadband）

大规模机器通信（mMTC，Massive Machine Type Communications）

超可靠和低延迟通信（URLLC，Ultra - Reliable and Low Latency Communications）

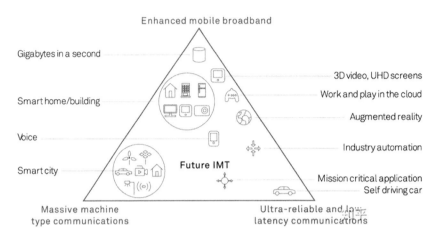

图 5 - 1 - 6 mMTC 和 URLLC

手机、视频，日常工作属于 eMBB，智慧城市，物联网的机器规模巨大，属于 mMTC，车联网需要低延迟高可靠性属于 URLLC。如图 5 - 1 - 7 所示。

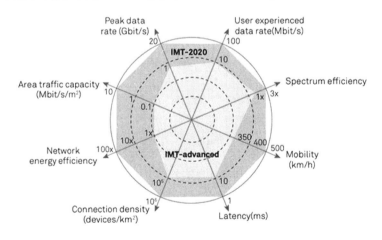

图 5 - 1 - 7 eMBB

对比 4G，峰值速率从 1Gbit/s 提升到 20Gbit/s，用户可以体验到的带宽从 10Mbit/s 提升到 100Mbit/s，频谱利用效率提升 3 倍，可以支持 500km/h 的移动通信，网络延迟从 10ms 提升到 1ms，连接设备数每平方千米从十万个提升到百万个，通信设备能量利用率提升了 100 倍，每秒每平方米数据吞吐量提升了 100 倍。

二、eMBB 典型应用场景

增强现实技术是一种将真实世界信息和虚拟世界信息"无缝"集成的新技术，是把原本在现实世界的一定时间空间范围内很难体验到的实体信息（视觉信息，声音，味道，触觉等），通过模拟仿真后再叠加，将虚拟的信息应用到真实世界，被人类感官所感知，从而达到超越现实的感官体验。

云端的虚拟场景下载到本地是 AR 在 5G 的主要应用场景，而虚拟场景多人协同已经是 AR 业界头部玩家正在研发的产品模式，在未来云端虚拟世界多人共享将成为重要的 AR 应用场景。

（一）虚拟场景云端下载

早期的 AR 应用场景，对 5G 切片的需求和小视频应用场景类似，要求大带宽和低时延，针对移动网络的主要需求如图 5-1-8 所示。

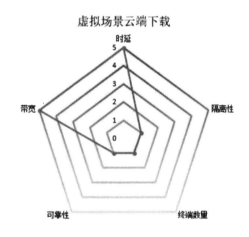

图 5-1-8　虚拟场景云端下载业务需求示意

（二）云端虚拟世界多人协同

虚拟世界多人协同要求场景支持实时加载，互动信息能够实时同步给其他用户，重点要求网络提供大带宽和低时延的网络体验。随着技术发展，为了追求更好的用户体验，并维护虚拟世界的数据一致性和安全性，云端计算和渲染将成为未来业务的发展趋势，有效减少智能设备计算量并极大提升设备的续航能力。

智能设备采集传感器的信息（包括视频流、陀螺仪、红外等）传递给云端，云端将需要渲染的虚拟场景数据传递给智能设备。网络带宽越大、时延越低，则对数据压缩和两端的计算量的需求越低，越能够降低耗能。

三、uRLLC 典型应用场景

物联网技术与自主智能的同步发展将有效推进车辆智能化水平，并加速自动驾驶的落地进程。5G 不仅可以提供基于 D-D 的 V2X 功能，也可以通过网络切片技术，实现车辆与远程平台的实时、可靠连接。根据自动驾驶的需求，5G 切片最可能应用的场景主要包括以下两个：

（一）远程遥控驾驶

在 L5 级别的自动驾驶实现之前，自动驾驶车辆有可能碰到车载智能无法处理的特殊情况，此时可以通过无线网络连接到服务平台，采用人工干预的方法脱离困境。

通常，此时只需要人工辅助车载智能进行某些判断，如确认障碍物类型、明确交通规则、变更路线等，之后就可以由车载智能继续进行自动驾驶；但在极端情况下，车载智能可能继续进行自动驾驶，此时只能通过远程遥控驾驶方式，由人工驾驶车辆脱离困境。

远程遥控驾驶场景需要将车辆采集的多路高清视频实时传送到远端驾驶控制台，其上行速率预计超过50Mbps，而驾驶员对于车辆的操控信号，需要通过5G网络超低时延进行下发，需要在10ms内传到几十千米之外的车辆上，从而达到与驾驶员置身车内操控等同的效果。

远程遥控驾驶对通信网络的关键需求如下：

高上行带宽：>50Mbps；

超低时延：<10ms；

高可靠性：>99.999%。

（二）高精度地图实时更新与下载

高精地图可以为车辆环境感知提供辅助，提供超视距路况信息，并帮助车辆进行规划决策。当自动驾驶车辆调用高精度地图时，等于提前对所处环境有了精准预判，优先形成了行驶策略，而摄像头和雷达以及控制系统的作用就可以放在突发情况的监控上。在这种多维解决方案下，一方面自动驾驶效果有所提高，一方面有利于车企综合成本的控制。

但享受高精度地图带来的优势的同时，还需要面对高精度地图更新频率带米的困扰。更新频率低，地图和实际道路情况差异过大，地图反而成为自动驾驶的不可靠因素；更新频率高，就需要频繁的采集，提升了运行的成本。因此比较理想的解决方法是让每一台自动驾驶车辆都充当一个实时的地图采集单元，通过众包方式，实现地图的实时更新。

为了提高地图更新实时性，需要自动驾驶车辆将本车的感知数据进行实时的回传，此时的上行数据包括 lidar、camera、radar 等传感器的原始数据，数据带宽需求预计超过500Mbps。

高精度地图实时更新与下载对通信网络的关键需求如下：

高上行带宽：>500Mbps。

超低时延：<10ms。

高可靠性：>99.999%。

四、mMTC 典型应用场景

mMTC 将在6GHz 以下频段发展，并应用于大规模物联网。目前这方面比较明显的发展是 NB-IoT，以往 WiFi、Zigbee 和蓝牙等无线传输技术属于家庭使用的小规模技术，回传线路主要基于 LTE，近年来随着 NB-IoT、LoRa 等技术标准的广泛覆盖，物联网的发展有望更加广泛。

5G 低功耗、大连接、低延迟、高可靠性场景主要面向物联网业务。作为5G 新拓展的场景，重点解决传统移动通信无法很好地支持物联网和垂直行业应用，低功耗和大连接场景主要针对以传感和数据收集为目标的应用场景，如智能城市、环境监测、智能农业和森林防火。它们具有数据包小、功耗低、连接量大等特点，这样的终端分布范围广、数量多、不仅要求网络具有超千亿连接的支持能力，满足 100 万/km² 的连接密度要求，同时也保证了终端的超低功耗和超低成本。如图 5－1－9 所示。

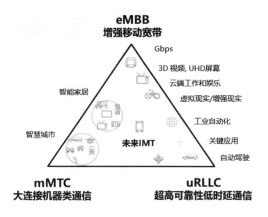

图 5－1－9 mMTC 典型应用场景

5.2 5G 网络无线技术

NG－RAN 架构及 NG－RAN 接口的工作主要遵循以下基本原则。

（1）信令与数据传输在逻辑上相互独立。

（2）NG－RAN 与 5GC 在功能上分离；NG－RAN 与 5GC 的寻址方案与传输功能的寻址方案不能绑定。

（3）RRC 的移动性管理由 NG－RAN 进行控制。

（4）NG－RAN 接口上的功能定义应尽量简化，尽可能减少选项。

（5）多个逻辑节点可以在同一个物理网元上实现。

（6）NG－RAN 接口是开放的逻辑接口，应满足不同厂家设备之间的互联互通。

NG－RAN 和 5GC 在 5G 网络架构中承担着彼此独立的功能。其中，NG－RAN 中的 gNB 除了继承传统基站的基本功能外，还包含一些 5G 特有的功能，比如网络切片、非激活态（RRC_ INACTIVE）的支持等。5GC 中的 AMF 负责 5G 网络中的移动性管理，SMF 负责 5G 网络中的会话管理，二者是重要的控制平面节点，UPF 是 UE 附着到 5G 核心网的锚点，也是 UE 连接到数据网络的 PDU 会话点。

gNB 是提供 NR 基站到终端的控制平面与用户平面的协议终止点，5G RAN 各 gNB 之间的接口为 Xn。5G RAN 与 5GC 之间通过 NG 接口进行连接，进一步分为 NG－C 和 NG－U 接口，其中与 AMF 控制平面连接的是 NG－C 接口，和 UPF 用户平面连接的是 NG－U 接口，NG 接口支持多对多连接方式。gNB 具有以下功能：

无线资源管理功能，包括无线承载控制、无线接入控制、连接移动性控制、UE 上下行链路动态资源分配（调度）；

IP 头压缩及用户数据流加密和完整性保护；

UE 附着时的 AMF 选择；

路由用户平面数据至 UPF；

路由控制平面信息至 AMF；

连接建立和释放；

寻呼消息的组织和发送；

系统广播信息的组织和发送（由 AMF 或 O&M 产生）；

以移动性或调度为目的测量及测量报告配置；

上行传输层分组数据的标记；

会话管理；

网络切片支持；

QoS 流的管理以及和无线数据承载的映射；

UE 非激活态（RRC_ INACTIVE）的支持；

非接入层（Non – Access Stratum，NAS）信令的传送；

接入网共享；

双连接支持；

NR 和 E – UTRA 之间的紧耦合。

AMF 处理控制平面的移动性管理功能，主要包括：

非接入层信令的处理；

非接入层信令的安全；

接入层安全控制；

移动性管理涉及核心网节点之间的信令控制；

空闲态 UE 移动性控制（包括控制并执行寻呼消息的重传）；

注册区域管理；

系统内（Intra – system）和系统间（Inter – system）移动性的支持；

访问认证、授权，包括检查漫游权；

移动性管理控制（签约和策略）；

网络切片的支持；

SMF 的选择。

UPF 处理用户平面功能，主要包括：

系统内（Intra – RAT）和系统间（Inter – RAT）的移动性锚点；

连接外部数据网络的协议数据单元（Protocol Data Unit，PDU）会话节点；

分组数据的路由与转发；

分组数据的监测以及用户平面部分的策略决策执行；

业务流量使用报告；

用于路由业务流至数据网络的上行数据分类；

支持多连接 PDU 会话的分叉点；

用户平面的 QoS 处理，包括分组数据的过滤、门控，以及上下行数据速率控制；

上行数据校验（业务数据流（Service Data Flow，SDF）到 QoS 流的映射）；

下行分组数据的缓存以及下行分组数据到达指示的触发。

SMF 处理控制平面的会话管理功能，主要包括：

会话管理；

UE IP 地址的分配和管理；

用户平面功能的选择和控制；

在 UPF 上配置业务路由和流量引导；

策略执行以及与 QoS 相关的控制；

下行数据到达指示。

5.2.1　5G 网络无线物理信道下行物理信道

5G 空中接口下行的物理信道包括 PBCH、PDCCH、PDSCH。

一、PBCH

NR 中 PBCH 和 PSS/SSS 组合在一起，使用 SS/PBCH Block 表示，简称 SSB。SSB 在时域上占用连续的 4 个 OFDM 符号，在频域上占用连续的 240 个子载波（20 个 RB）。PBCH 用于获取用户接入网络中的必要信息，如系统帧号（SFN）、初始 BWP 的位置和大小等信息。PBCH 占用 SSB 中的符号 1 和符号 3，以及符号 2 中的部分 RE。PBCH 的每个 RB 中包含 3 个 RE 的 DMRS 导频，为避免小区间 PBCH DMRS 干扰，3GPP 中定义了 PBCH 的 DMRS 在频域上根据 Cell ID 隔开。

二、物理下行控制信道

PDCCH 用于传输来自 L1/L2 的下行控制信息，主要内容有以下 3 种类型。

（1）下行调度信息（DL assignments），以便 UE 接收 PDSCH 信息。

（2）上行调度信息（UL grants），以便 UE 发送 PUSCH 信息。

（3）指示插槽格式指示符（Slot Format Indicator，SFI）、优先指示符（Pre-emption Indicator，PI）和功率控制命令等信息，辅助 UE 接收和发送数据。

PDCCH 传输的信息为下行控制信息（Downlink Control Information，DCI），不同内容的 DCI 采用不同的 RNTI 来进行 CRC 加扰；UE 通过盲检测来解调 PDCCH；一个小区可以在上行和下行同时调度多个 UE，即一个小区可以在每个时隙发送多个调度信息。每个调度信息在独立的 PDCCH 上传输，也就是说，一个小区可以在一个时隙上同时发送多个 PD-CCH。

LTE 中 PDCCH 资源相对固定，频域为整个带宽，时域上为 1~3 个符号，而 5G 中的 PDCCH 时域和频域的资源都是灵活的，因此，NR 中引入了 CORESET 的概念来定义 PD-CCH 的资源。CORESET 主要指示 PDCCH 占用符号数、RB 数以及时隙周期和偏置等。在频域上，COREST 包含若干个 PRB，最小为 6 个；在时域上，其包含的符号数为 1~3。每个小区可以配置多个 CORESET（0～11），其中，CORESET0 用于 RMSI 的调度，CORE-SET 必须包含在对应的 BWP 中。

三、物理下行共享信道

PDSCH 用于承载多种传输信道，PDSCH PHY 层处理过程包括以下 5 个重要的步骤。

（1）加扰：扰码 ID 由高层参数进行用户级配置；不配置时，默认值为 Cell ID。

（2）调制：调制编码方式表格由图层参数 mcs—Table 进行用户级配置，指示最局阶为 64QAM 或 256QAM。

（3）层映射：将码字映射到多个层上传输，单码字映射 1～4 层，双码字映射 5～8 层。

（4）预编码/加权：将多层数据映射到各发送天线上；加权方式包括基于 SRS 互易性的动态权、基于反馈的 PMI 权或开环静态权；传输模式只有一种，加权对终端透明，即 DMRS 和数据经过相同的加权。

（5）资源映射：时域资源分配由 DCI 中 Time domain resource assignment 字段指示起始符号和连续符号数；频域资源分配支持 Type0 和 Type1。

PDSCH 采用 OFDM 符号调制方式，起始符号和结束符号都由 DCI 指示。调制方式包括 QPSK/16QAM/64QAM/256QAM，支持 LDPC 编解码。和 LTE 相比，NR 中 PDSCH 最大的变化是引入了时域资源分配的概念，即一次调度的 PDSCH 资源在时域上的分配可以动态变化，粒度可以达到符号级。PDSCH 时域资源映射类型（Mapping Type）分为两种。

Type A：在一个时隙内，PDSCH 占用的符号从 {0，123} 符号位置开始，符号长度为 3～14 个符号（不能超过时隙边界）。这种分配方式 分配的时域符号数较多，适用于大带宽场景。Type A 也通常被称为基于时隙的调度。

Type B：在一个时隙内，PDSCH 占用的符号从 {0，1，…，12} 符号位置开始，但符号长度限定为 {2，4，7} 个符号（不能超过时隙边界）。在这种分配方式中，PDSCH 起始符号位置可以灵活配置，分配符号数量少，时延短，适用于低时延和高可靠场景，可实现 uRLLC 应用。

四、上行物理信道

5G 上行的物理信道包括 PRACH、PUCCH、PUSCH。

五、物理随机接入信道

随机接入过程适用于各种场景，如初始接入、切换和重建等。随机接入提供基于竞争和非竞争的接入。PRACH 传送的信号是 ZC（Zadoff–Chu）序列生成的随机接入前导。

按照 Preamble 序列长度，分为长序列和短序列两类前导。不同的覆盖场景需要选取不同格式的 PRACH 帧。例如，不同长度的 CP 可以抵消因为 UE 位置不同而引发的时延扩展效应，不同的保护间隔用于克服不同的往返时间（Round Trip Time，RTT）。长序列沿用 LTE 设计方案，共有 4 种格式。

六、物理上行共享信道

PUSCH 是承载上层传输信道的主要物理信道。和 PDSCH 不同，PUSCH 可支持 2 种波形。（1）CP－OFDM：多载波波形，支持多流 MIMO。（2）DFT－s－OFDM：单载波波形，仅支持单流提升覆盖性能。PUSCH 频域资源分配支持 Type 0 和 Type 1，此处与 PDSCH 类似。和 PDSCH 不同的是，PUSCH 支持预配置的上行调度 Configured Grant Config，类似 LTE 中的半静态调度。

七、物理上行控制信道

PUCCH 承载上行控制信息（Uplink Control Information，UCI）。和 LTE 类似，NR 中的 PUCCH 用 来发送 UCI 以支持上下行数据传输。UCI 可以携带的信息包括以下 3 种。

（1）SR：Scheduling Request，用于上行 UL－SCH 资源请求。

（2）HARQ ACK/NACK：用于 PDSCH 上发送数据的 HARQ 确认。

（3）CSI：信道状态信息反馈，包括 CQI、PMI、RI、LI。

与下行控制信息相比，UCI 内携带的信息内容较少（只需要告诉 gNodeB 不知道的信息）；DCI 只能在 PDCCH 中传输，UCI 可在 PUCCH 或 PUSCH 中传输。

5.2.2 5G 功率控制

一、下行功率分配

下行采用的是固定的功率配置原则，针对不同的下行物理信道和物理信号分别配置下行的功率。在协议中，下行功率配置是针对每个 RE 进行配置的。从信道的分布可以知道在不同的时隙上可能会存在一个或多个不同的信道和信号。3GPP 规范中并没有明确不同的信道和信号功率配置的关系，一般情况下，需要满足以下原则：

（1）由于每个符号上存在的信道或者信号可能不同，在配置下行功率时，需要尽量保证每个符号上最 大的发射功率是相同的，以最大化利用下行功率。

（2）尽可能使下行各个信道的覆盖范围保持一致，满足下行覆盖平衡的要求。因为不同信道要求的接 收门限可能不同，所以需要考虑到这个因素并设置不同信道的发送功率。按照信道或信号的类型划分下行功率控制可分 PBCH 下行功率控制、SS 下行功率控制、PDCCH 下行功率控制、TRS 下行功率控制、PDSCH 下行功率控制。

按照功率控制的方式，下行功率控制可分为以下两种：

（1）静态功率控制：根据各个信道或信号的覆盖能力，进行功率偏置参数配置，从而调整发射功率。

（2）动态功率控制：根据各个信道或信号的实际传输情况和 UE 反馈信息，自适应地调整发射功率。

静态功率控制 PBCH、SS、PDCCH 和 TRS 均支持，而动态功率控制仅 PDCCH 和 PD-SCH 支持。下行信道或信号的静态功率控制均通过在小区基准功率（ReferencePwr）上设置功率偏置的方式来实现，区别在于各信道或信号的功率偏置所涉及的配置参数有差异。

二、上行功率控制

5G 上行功率控制是针对每个 UE 的不同信道分别进行调整的，不同信道的算法不同。5G 上行功率控制包含了上行的所有的信道及探测参考信号。上行功率控制的信道/信号及功率控制方式如下表所示。

5G 的上行功率控制包括开环功率控制和闭环功率控制两种。开环功率控制是指在功率控制过程中，基站没有任何的反馈，所有的控制由 UE 自行完成；而在闭环功率控制场景下，基站需要下发相应的功率控制命令指示 UE 改变上行功率，可参考表 5 - 2 - 1。

表 5 - 2 - 1 上行功率控制示意表

信道/信号	功率控制方式
物理随机接入信道（PRACH）	开环功率控制
物理控制信道（PUCCH）	开环功率控制 + 闭环功率控制
物理共享信道（PUSCH）	开环功率控制 + 闭环功率控制
探测参考信号（SRS）	开环功率控制 + 闭环功率控制

5.3 5G 组网技术

5.3.1 NSA 组网与业务流程

在使用 5G 非独立组网方式时，UE 会使用双链接同时与 5G gNodeB 和 LTE eNodeB 保持链接。由于 5G 网络部署初期覆盖不足，因此可以使用 DC 将现有 LTE 网络的覆盖优势与 5G 的吞吐量和延迟优势结合起来。该组网方式建设周期短，可以在 5G 网络覆盖不足的情况下先行提供 5G 业务，适合在局部热点区域部署，以便循序渐进地开展 5G 商用服务。但是，非独立部署要求更复杂的 UE 实现，以允许 UE 同时与 LTE 和 5G 网络保持链接，这潜在地增加了 UE 的成本。NSA 部署方式还要求更复杂的 UE 无线能力，包括在不同频带上同时从 5G 和 LTE 网络接收下行数据的能力。与此同时，5G 网络与 LTE 网络的互操作也会使实现变得更加复杂。在 NSA 组网部署中，基于控制面的数据是经由 LTE eNodeB 与 4G EPC 或 5GC 进行通信，还是经由 NR gNodeB 与 5GC 进行通信，可以分为几种不同的部署选项：Option3，Option4 和 Option7。

一、NSA 网络架构 Option3 系列架构

Option3 系列架构使用 4G EPC 作为核心网、eNodeB 作为 MCG、gNodeB 作 SCG，如图 5 - 3 - 1（a）所示。该架构只在 LTE eNodeB 和 EPC 之间存在直接的控制面链接（使用 S1 - C 接口），而 gNodeB 与 EPC 之间不存在直接的控制面链接，gNodeB 需要经由 eNodeB 与核心网进行控制面数据传输。同时，eNodeB 和 gNodeB 之间通过 X2 - C 接口交换控制面信息。在此架构中，eNodeB 作为 MCG、gNodeB 作为 SCG 存在。在 Option3 系列架构中，eNodeB 使用 S1 - U 接口与 EPC 进行用户面数据传输，并使用 X2 - U 接口与 gNodeB 进行用户面数据传输，gNodeB 需要经由 eNodeB 与核心网进行用户面数据传输，gNodeB 与 EPC

之间不存在直接的用户面链接。

在 Option3A 架构中，控制面数据的处理与 Option3 相同，如图 5 – 3 – 1（b）所示。但在用户面上，eNodeB 和 gNodeB 都与 EPC 存在直接的用户面链接（均使用 S1 – U 接口），gNodeB 和 EPC 之间可以直接进行用户面数据传输。

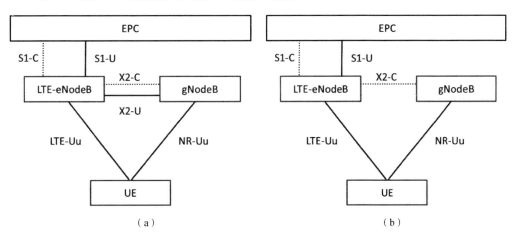

图 5 – 3 – 1 Option3 系列架构示意图

Option3X 的控制面和用户面的处理与 Option3A 相同。但在用户面上，gNodeB 与 EPC 之间的用户面数据可能会被分离，其中分离的数据会通过 X2 – U 接口发往/接收自 eNodeB，并在 LTE 的空中接口上传输。

（一）Option4 系列架构

Option4 系列架构使用 5GC 作为核心网，如图 5 – 3 – 2（a）所示。该架构只在 5G gNodeB 和 5GC 之间通过 NG – C 接口与控制面直接链接，而 eNodeB 与 5GC 之间不存在直接的控制面链接，eNodeB 需要由 gNodeB 与核心网进行控制面数据传输。同时，gNodeB 和 eNodeB 之间通过 Xn – C 接口交换控制面信息。在该架构中，gNodeB 作为 MCG、eNodeB 作为 SCG 存在。gNodeB 使用 NG – U 接口与 5GC 进行用户面数据传输，并使用 Xn – U 接口与 eNodeB 进行用户面数据传输。eNodeB 需要由 gNodeB 与核心网进行用户面数据传输，eNodeB 与 5GC 之间不存在直接的用户面链接。可以看出 Option4 的网络拓扑结构基本上与 Option3 是相反的。在 Option4A 架构中，控制面数据的处理与 Option4 相同，如图 5 – 3 – 2（b）所示。但在用户面上，eNodeB 和 gNodeB 都与 5GC 均通过 NG – U 接口直接与用户面链接，eNodeB 和 5GC 之间可以直接进行用户面数据传输。Option4 对应 MR – DC 中的 NE – DC（NR – E – UTRA Dual Connectivity）部署方式。

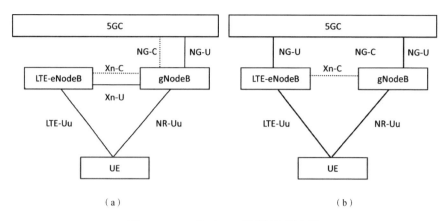

图 5 - 3 - 2　Option4 系列架构示意图

（二）Option7 系列架构

Option7 系列架构使用了类似于 Option3 的网络架构，如图 5 - 3 - 3（a）所示，eNodeB 作为 MCG。gNodeB 作为 SCG 存在。不同的是 Option7 使用 5GC 而不是 EPC 作为核心网，这要求 eNodeB 支持 eLTE 接口与 5GC 进行链接。此时，eLTE eNodeB 使用 NG - C 接口与 5GC 进行控制面链接，使用 NG - U 接口与 5GC 进行用户面链接。eNodeB 和 gNodeB 之间通过 Xn - C 接口交换控制面信息。在 Option7 系列架构中，eNodeB 使用 NG - U 接口与 5GC 进行用户面数据传输，并使用 Xn - U 接口与 gNodeB 进行用户面数据传 输，gNodeB 需要经由 eNodeB 与核心网进行用户面数据传输，gNodeB 与 5GC 之间不存在直接的用户面链接。

在 Option7A 架构中，控制面数据的处理与 Option7 相同，如图 5 - 3 - 3（b）所示。但在用户面上，eNodeB 和 gNodeB 都与 5GC 均使用 NG - U 接口直接与用户面链接，gNodeB 和 5GC 之间可以直接进行用户面数据传输。

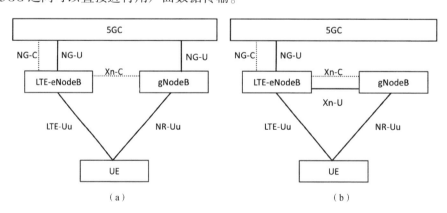

图 5 - 3 - 3　Option7 系列架构示意图

Option3 系列架构不使用 5GC，因此无须使用与 5GC 进行通信的接口，该架构只需要新增空中接口（UE 和 gNodeB 之间）和 X2 接口（ gNodeB 和 LTE eNodeB 之间）即可提供 5G 服务。因此在早期的 5G 部署中，Option3/3A/3X 会是优先被采用的 NSA 组网架构。

二、NSA 接入流程 NSA 组网接入主要包含 4 个步骤：

（1）4G 初始接入：UE 在 LTE 网络中完成上下行同步后，向 4G 基站发起随机接入和 RRC 建立、鉴权加密、UE 能力查询、无线加密、空中接口承载建立等。

（2）5G 邻区测量：在 LTE 网络接入成功后，eNodeB 会发送测量控制信令指示 UE 测量 NR 信号强度，测量控制消息中包括测量事件 B1 及 NR 的频点号，UE 测量到 NR 信号满足异系统测量后，上报 B 测量报告。终端进入 B1 事件的条件为 Mn + Ofn + Ocn − Hys > Thresh，Mn 为 5G 小区信号强度，Ofn 表示 5G 的频率偏置，Ocn 表示 5G 邻小区偏移量，Hys 表示同频切换幅度迟滞，Thresh 表示 B1 门限。

（3）5G 辅站添加（简称"加腿"）：LTE 基站在收到 B1 测量报告之后，根据 B1 测量报告中的 5G 邻区消息，LTE 网络向 5G 基站发起辅站添加流程。

（4）路径转换：NSA Option3X 场景下，S−GW 到无线侧的用户面仍然是在 4G 侧，因此在 5G 辅站添加成功后，需要将 UE 的用户面倒换至 NR 侧。eNodeB 根据 5G 邻区信息，向核心网发起路径转换流程。如图 5−3−4 所示。

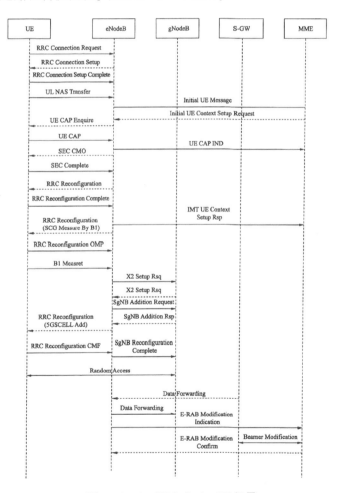

图 5−3−4　NSA Option3X 场景

三、SgNB Change 流程

当 NR 小区的信号变弱时，根据 A3 测量门限可以选择相邻基站的小区进行切换。相比于站内切换，异站、辅站切换过程中新增了目标辅站添加（SgNB Addition Request）和目标辅站重配置确认（RRC Connection Reconfiguration Complete）环节。如图 5 – 3 – 5 所示。

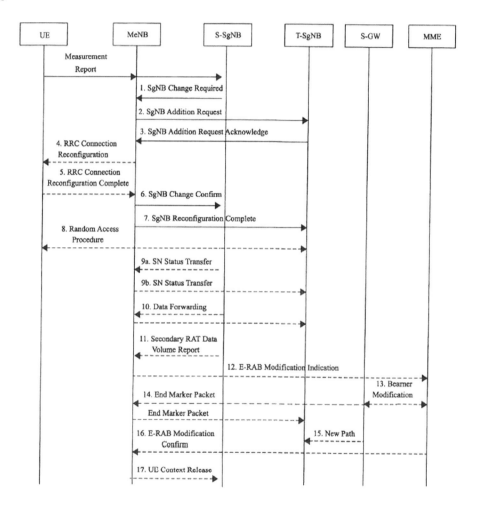

图 5 – 3 – 5 SgNB Change 流程

当 SgNB 收到来自 MeNB A3 测量报告后，选择报告中 RSRP 最强 NR 小区作为目标 NR 切换小区。

（1）源 SgNB 通过向 MeNB 发送 SgNB Change Required 消息触发 SgNB Change 流程，消息中包括目标 SgNB ID 信息和测量结果等。

（2）MeNB 通过向目标 SgNB 发送 SgNB Addition Request 消息，向目标 SgNB 请求为 UE 分配资源。

（3）消息中包括源 SgNB 测量得到的目标 SgNB 的测量结果。

（4）SgNB 对 MeNB 的请求进行响应，在响应消息中携带了和承载及接入相关的 RRC 配置信息。

（5）MeNB 向 UE 发送 RRC Connection Reconfiguration 消息，包括 NR RRC 配置消息。

（6）UE 接收到 RRC 重配置消息后完成重配置，并向 MeNB 反馈 RRC Connection Reconfiguration Complete 消息，包括 NR RRC 响应消息。若 UE 未能完成包括在 RRC Connection Reconfiguration 消息 中的配置，则启动重配置失败流程。

（7）若目标 SgNB 成功分配资源，则 MeNB 确认源 SgNB 资源的释放，向源 SgNB 发送 SgNB Change Confirm 消息。

（8）若 RRC 连接重配流程完成，则 MeNB 通过向目标 SgNB 发送 SgNB Reconfiguration Complete 消息确认重配完成。

（9）UE 执行到 SgNB 的同步，发起向 SgNB 的随机接入流程。

（10）路径转换流程，执行 SgNB 和 EPC 之间的用户面路径更新，即通过 E-RAB Modification Indication 指示核心网将 E-RAB 的 S1-U 接口连接到 SgNB。

（11）源 SgNB 收到 UE Context Release 消息后，释放 UE 上下文。

5.3.2   SA 组网与业务流程

在 5GNR 独立组网（SA）中，支持 5G 的 UE 直接与 gNodeB 建立无线连接，并通过接入 5G 核心网（5G Core network，5GC）来建立服务。5G 独立组网并不需要一个相关联的 LTE 网络参与。这是最简单的部署架构，允许最简单的 UE 实现，且不影响现有的 2G/3G/4G 网络和用户，因而无须对当前网络进行改造。但这种组网方式在网络建设初期需要较大的投资，且需要较长的一段时间才能保证良好的 5G 网络覆盖。

独立组网对应 5G 架构选项中的 Option2。Option2 架构可独立于现有网络工作，其控制面和用户面数据都只在 5G NR 的网络中传输，如图 5-3-6 所示。

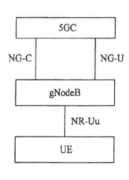

图 5-3-6   独立组网

一、SA 接入流程

SA 组网时，UE 在 NR 接入后向 NGC 发起注册流程，整体注册流程和 4G 类似，包括随机接入、RRC 建立、UE 能力查询、鉴权加密等流程，但 5G 中的注册和会话建立是独立的流程。

随机接入流程是 UE 开始和网络通信之前的接入流程，指由 UE 向系统请求接入，收到系统的响应并分配信道的过程。随机接入的目的是建立和网络上行的同步关系以及请求网络分配给 UE 专用资源，进行正常的业务传输。5GNR 随机接入流程总体上与 LTE 并无太大区别，由于 NR 默认支持波束赋形，所以 UE 需要检测并选择用于发送 PRACH 的最佳波束。随机接入根据随机接入过程的不同分为两种：基于竞争的随机接入和基于非竞争的随机接入。

SA 组网基于竞争的随机接入流程包含以下 4 个步骤：如图 5-3-7 所示。

UE 发送随机接入前导——MSG1：消息中携带了 Preamble 码。

gNodeB 发送随机接入响应——MSG2：gNodeB 侧接收到 MSG1 后，返回随机接入响应，该消息中携带了 TA 调整和上行授权指令以及 TC - RNTL。

UE 进行上行调度发送——MSG3：UE 收到 MSG2 后，判断是否属于自己的随机接入消息（利用 Preamble ID 核对），并发送 MSG3 消息，携带 UE ID。

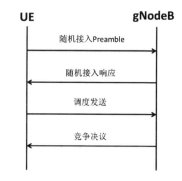

图 5 - 3 - 7　SA 组网基于竞争的随机接入流程

gNodeB 进行竞争决议——MSG4：UE 正确接收 MSG4，完成竞争决议。

二、SA 切换流程

（一）站内切换

当 UE 在同基站下不同小区间移动时，将会触发站内切换，具体流程如下：

首先 UE 上报邻区测量报告。

gNodeB 根据测量报告携带的 PCI，判决切换的目标小区与服务小区同属一个 gNodeB 并启动站内切换流程，基站下发切换命令。

UE 在目标小区发起非竞争的随机接入 MSG1，携带专用 Preamble。

gNodeB - DU 侧回复 MSG2 RAR 消息。

UE 向 gNodeB 回复 RRC Reconfiguration Complete 消息后 UE 接入到目标小区。

（二）NG 站间切换

当 UE 在不同基站间移动时，将会触发站间切换，站间切换也可以通过 NG 接口进行，切换流程如图 5 - 3 - 8 所示。

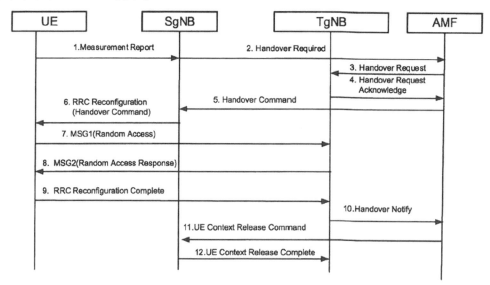

图 5 - 3 - 8　NG 站间切换

UE 根据收到的测量控制消息执行测量并判定达到事件条件后，将测量报告上报给源 gNodeB。

源 gNodeB 收到测量报告后，根据测量结果向 AMF 发送 Handover Required 消息请求切换，信令消息中包含目标 gNodeBID。

AMF 向指定的目标小区所在的 gNodeB 发起 Handover Request 切换请求，gNodeB 根据消息中的 TraceID、SPID 识别用户。

目标 gNodeB 回复 Handover Request Acknowledge 消息给 AMF，表示允许切换。

AMF 向源 gNodeB 发送 Handover Command 消息，消息中包含地址、用于转发的 TEID 列表、需要释放的承载列表。

源 gNodeB 发送 RRC Reconfiguration 消息给 UE，要求 UE 执行切换到目标小区操作。

UE 在目标小区发起随机接入。

目标小区回复随机接入响应消息 MSG2，为 UE 分配资源。

UE 发送 RRC Recorrfiguration Complete 消息给目标 gNodeB，UE 空中接口切换到目标小区操作完成。

目标 gNodeB 发送 Handover Notify 消息给 AMF，通知 UE 已经接入到目标小区，基于 NG 接口的切换已经完成。

AMF 向源 gNodeB 发送 UE Context Release Command 消息，源 gNodeB 释放切换的用户。

最后源 gNodeB 向 AMF 回复 UE Context Release Complete 消息，切换流程完成。

（三）Xn 站间切换

当 UE 在不同基站间移动时，将会触发站间切换流程，站间切换可以通过 Xn 接口，如图 5-3-9 所示。

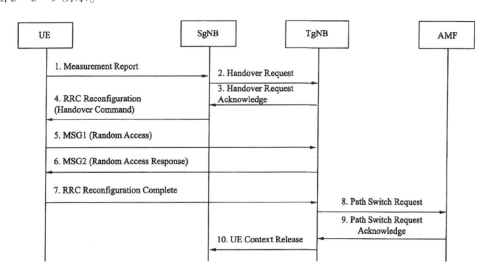

图 5-3-9　Xn 站间切换

UE 测量邻区并判定达到判决事件条件后，向源 gNodeB 上报测量报告。

源 gNodeB 收到测量报告后，根据测量结果向选择的目标小区所在的 gNodeB 发起切换请求。目标 gNodeB 收到切换请求后，进行接入控制，允许接入后分配 UE 资源，并回复消息 Handover Request Acknowledge 给源 gNodeB，允许切换入。

5.4　5G 网络关键技术

MIMO 技术指在基站覆盖区域内配置并集中放置大规模的天线阵列，同时服务分布在基站覆盖区内的多个用户。在同一时频资源上，利用基站大规模天线的空间自由度，提升多用户空分复用能力、波束赋形能力，以及抑制干扰能力，从而大幅提高系统频谱资源的整体利用率。

一、MIMO 功能介绍

随着无线通信的迅速发展对通信系统的容量和频谱效率的要求也越来越高的要求。因此各种提高系统容量和频谱效率的技术应运而生，常见的方法有扩展系统带宽、提高信号调制阶数等。然而，扩展带宽一般仅能提升系统的容量，并不能有效提升频谱效率，而提高信号调制阶数虽然可以提升频谱效率，但由于调制阶数一般很难成倍提升，所以提升频谱效率的能力也是很有限的。多输入/多输出（Multiple Input Multiple Output，MIMO）是一种成倍提升系统频谱效率的技术，是对单发单收（Single Input Single Output，SISO）的扩展。它指在发送端或接收端采用多根天线，并辅助一定的发送端和接收端信号处理技术完成通信。

如图 5 - 4 - 1 所示，一般称其为 $M*N$ 的 MIMO 系统，M 表示发射天线数，N 表示接收天线数。一般来说，单发多收（Single Input Multiple Output，SIMO）、多发单收（Multiple Input Single Output，MISO）、波束赋形（Beam Forming，BF）也属于 MIMO 的范畴，如图 5 - 4 - 1 所示。

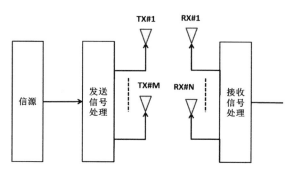

图 5 - 4 - 1　MIMO 功能介绍

MIMO 技术能够通过信号处理技术提高无线链路传输的可靠性和信号质量，不仅能提升系统容量和覆盖，还能带来更高的用户速率和更好的用户感知。

Massive MIMO 是多天线技术演进的一种高端形态，是 5G 网络的一项关键技术。Massive MIMO 站点的天线数有很大提升，目前已可以做到 64 个收发通道，且天线和射频单元一起集成为有源天线处理单元。

相对于传统多天线技术，通过大规模天线阵列对信号进行联合接收解调或发送处理，Massive MIMO 能大幅提升单用户链路性能和多用户空分复用能力，从而显著增强系统链路质量和提高传输速率。Massive MIMO 应用场景如下：

（1）深度覆盖：该场景下，通过室外站点对室内进行覆盖，通常有建筑物阻挡，由于穿透损耗等原因，导致用户信号较弱、体验较差。Massive MIMO 特性的上行多天线接收分集和下行波束赋形能够有效对抗 传播与穿透损耗，从而提升了链路质量和用户的体验速率。

（2）高楼覆盖：该场景下，用户垂直分布于不同楼层，普通站点的垂直覆盖范围较窄，难以覆盖多个楼层。Massive MIMO 站点支持三维波束调整，增强了垂直维度广播波束的覆盖能力，从而可以覆盖更多楼层的用户。

（3）热点区域：密集城区、中心商业区、高校、体育馆等。在这些区域中，用户密集，需要支持大量在线用户，上下行容量需求极高。Massive MIMO 特性能够有效抑制干扰，支持多层配对的 MU-BF 和 MU-MIMO，从而显著提升小区吞吐率，解决热点区域容量问题。

二、MIMO 原理介绍

对于 5G FDD 系统，当前只支持 2T2R、2T4R 和 4T4R 的 MIMO。而对于 5G TDD 系统，MIMO 大幅度提升了天线数目，即从 LTE 时期主流为 2T2R/4T4R 提升到 5G 时代主流为 32T32R/64T64R 的 Massive MIMO。MIMO 通过综合使用以下几种信号处理技术可以获得接收分集、波束赋形、空间复用等增益，提升系统容量和频谱效率。

（一）上行接收分集

上行分集接收是指 gNodeB 可以通过多个天线接收 UE 的发射信号，并且通过空间分集和相干接收来增强信号接收效果。其基本过程如下：

（1）UE 以最佳的 PMI 对 PUSCH 数据进行预编码发射。

（2）gNodeB 通过多个天线接收 UE 发射的 SRS 信号并估计上行信道特征，再通过下行控制消息（Downlink Control Information，DCI）告知 UE 最佳的 PMI/RANK 值。

（3）gNodeB 通过多天线进行 PUSCH 数据的分集接收，提升接收信噪比和稳定性、增加上行用户吞吐率。

利用多天线的空间分集和相干接收（获得分集增益），接收分集可以提高接收端信噪比的稳定性，如图 5-4-2 所示。接收信号在深衰落信道更加稳定。

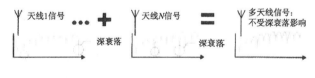

图 5-4-2　上行接收

（二）下行波束赋形

波束赋形指的是发射信号经过加权后，形成了指向 UE 或特定方向的窄波束，波束赋形可以精准地指向 UE，提升覆盖性能。

波束的每个主平面内都有 2 个或多个瓣，其中，辐射强度最大的瓣称为主瓣，其余的瓣称为旁瓣。将主瓣最大辐射方向两侧，辐射强度降低3dB、功率密度降低一半的两点间的夹角定义为波瓣宽度（又称波束宽度）。波束的特点如下：

波束越宽，其覆盖的方向角越大，能量越分散。

波束越窄，天线的方向性越好，能量越集中

（三）SU–MIMO 原理

通过多天线技术支持单用户在上下行数据传输时空分复用空中接口的时频资源，使得单用户在上下行可以同时支持多流的数据传输，提升单用户的峰值速率体验。

1. 单用户下行多流

通过多天线技术支持单用户在下行同时支持多流数据传输。如图5–4–3所示，在支持gNodeB 64T64R 的情况下，2T4R 的 UE 下行最大可同时支持4流的数据传输。

2. 单用户上行多流

通过多天线技术支持单用户在上行同时支持多流数据传输。如图5–4–4所示，在 gNodeB 64T64R 的情况下，2T4R 的 UE 上行最大可同时支持2流的数据传输。

图5–4–3　单用户下行多流

图5–4–4　单用户上行多流

（三）MU–MIMO 原理

MU–MIMO 是指多个用户在上下行数据传输时空分复用 OFDM 时频资源，从而提升系统的上下行容量和频谱效率。其中，对多个用户的选择过程称为配对，用户配对时会参考以下2个原则：

当 UE 的 SINR 较高且 UE 间的信道相关性较小时，UE 间的干扰能够被很好地消除，适合进行 MU–MIMO 配对。此时，MU–MIMO 可以充分地利用良好的信道条件为小区增加额外系统容量。

当 UE 的 SINR 较低或者 UE 间的信道相关性较强时，UE 间的干扰无法很好地被消除，MU–MIMO 反而可能导致系统的吞吐量下降。此时，gNodeB 会避免选择信道相关性较强或者 SINR 较低的用户参与配对。

1. 下行 MU 空分复用（PDSCH）

PDSCH 的下行 MU 空分复用是指 gNodeB 在同一份 PDSCH 资源上给2个或多个 UE 发送数据，获得空间复用增益，此方法可以提高频谱利用率，在一定程度上提高下行吞吐量，特别是在高负荷场景下，能够有效缓解网络容量问题，提高用户体验。如图5–4–5

所示。

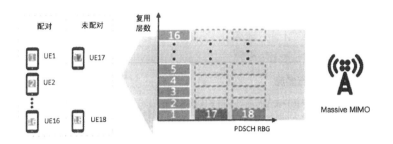

图 5－4－5　下行 MU 空分复用（PDSCH）

2. 下行 MU 空分复用（PDCCH）

PDCCH 的 MU 空分复用是指通过发送波束间的隔离度来区分用户，使得不同用户能够复用 CCE 资源，从而提升了 PDCCH 容量，用以支撑更多用户调度。

3. 上行 MU 空分复用

PUSCH 的上行 MU 空分复用（PUSCH）是指 2 个或多个 UE 在同一份 PUSCH 资源上给 gNodeB 发送数据，用以获得空间复用增益。此方法可以提高频谱利用率，在一定程度上提高了上行吞吐量，特别是高负荷场景下，能够有效缓解网络负载，提高用户体验速率。如图 5－4－6 所示。

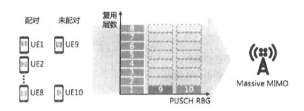

图 5－4－6　上行 MU 空分复用

三、调制编码技术

5G 支持的调制更加丰富，主要有载波的相位变化，幅度不变化 π/2－BPSK 和 QPSK 的 PSK 调制方式，还有载波的相位和幅度都变化的 16QAM，64QAM 和 256QAM 等 QAM 调制方式。256QAM 传输比 64QAM 更高效，同时传输的比特数从 6 个增加到了 8 个，传输速率自然也就有了 1.3 倍的提升。5G 在业务信道采用可并行解码的 LDPC 码，控制信道主要采用 Polar 码，信道编码理论性能更优，具有更低时延和更高吞吐量等特点。

5.5　网络切片

5.5.1　核心网络切片

5G 核心网支持灵活的切片组网，基于微服务的网络切片构建，以及切片的智能选择、切片的能力开放、4/5G切片互通、切片的多层次的安全隔离等关键技术要求。如图5-5-1所示。

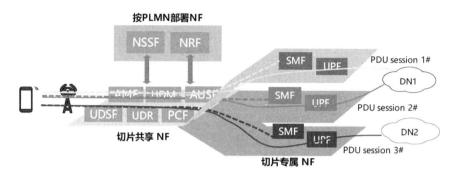

图5-5-1　核心网切片参考组网

根据SLA、成本、安全隔离等需求，核心网切片支持GROUP A，B，C等多种共享类型进行灵活的组网。其中GROUP A是媒体面和控制面网元都不共享，其安全隔离度高、对成本不敏感，适用于远程医疗、工业自动化等场景；GROUP B是部分控制面网元共享，媒体面和其他控制面网元不共享，其隔离要求相对低，终端可同时接入多个切片，适用辅助驾驶、车载娱乐等场景；GROUP C是控制面网元共享，媒体面网元不共享，隔离要求低，对成本敏感，适用手机视频、智能抄表等场景。

切片典型组网是NSSF和NRF作为5G核心网公共服务，以PLMN为单位部署；AMF，PCF，UDM等NF可以共享为多个切片提供服务；SMF、UPF等可以基于切片对时延、带宽、安全等的不同需求，为每个切片单独部署不同的NF。

一、基于微服务的切片快速构建

5G核心网支持灵活组合3GPP定义的标准NF服务和公共服务。在可视化界面上，可通过将各类服务拖拽组合的方式灵活编排NF，再将NF组合成需要的网络切片，如eMBB、URLLC、mMTC等切片。每个服务支持独立注册，发现和升级，从而更便于满足各垂直行业的定制需求。图5-5-2所示。

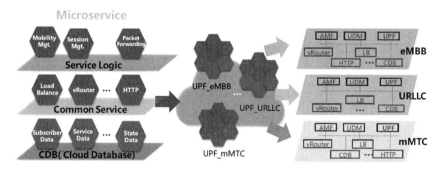

图5-5-2　基于微服务快速构建切片

二、切片的智能选择

5G 核心网切片主要采用 NSSF 实现切片的选择。NSSF（Network Slice Selection Function）支持基于 NSSAI（Network Slice Selection Assistance Information）、位置信息、切片负荷信息等各种策略，智能化的选择切片。基于位置信息可以实现全国、省市等大切片的部署，也可以实现如工业园区、奥体中心、智慧小区等小微切片的部署。同时，5G 核心网支持通过 NWDAF（Network Data Analytics Function）实时采集网络切片的性能指标，如用户数、当前吞吐量、平均速率等，NSSF 从 NWDAF 获取相关的数据并结合 AI 执行智能化的切片选择策略。

三、切片的能力开放

通过服务化架构，5G 核心网能力开放功能 NEF（Network Exposure Function）可直接或者通过能力开放平台向外部应用提供网络服务，支持定制化的网络功能参数、基于动态 DPI 的灵活 Qos 策略、个性化切片和流量路径管理和个性化切片和流量路径管理等能力开放功能，从而更加精细化和智能化地满足外部对网络服务的要求。如图 5 – 5 – 3 所示。

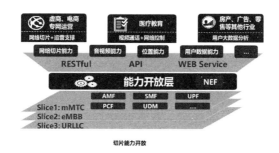

图 5 – 5 – 3　切片能力开放

四、切片的漫游

NSSF 和 AMF 通过对 VPLMN 和 HPLMN 的 NSSAI 进行映射，支持用户跨运营商，甚至跨国际的漫游。vNSSF 负责选择 VPLMN 中的切片，hNSSF 负责选择 HPLMN 中的切片。

5.5.2　无线网子切片

无线网子切片，作为端到端网络切片中的一个关键组成部分，需要根据端到端切片编排管理系统下发的不同业务的不同 SLA 需求，进行灵活的子切片定制。无线网如果要支持灵活的切片，在架构层面需要支持如下关键功能：

一、统一空口支持切片

无线网基于统一的空口框架，采用灵活的帧结构设计。针对不同的切片需求，首先无线网为每个切片进行专用无线资源 RB 的分配和映射，形成切片间资源的隔离，再进行帧格式、调度优先级等参数的配置，从而保证切片空口侧的性能需求。

二、灵活切分和部署

根据不同的业务场景以及资源情况，可以对无线网进行 AAU/DU/CU 功能的灵活切分和部署。通常来说，mMTC 场景对时延和带宽都无要求，可以尽量进行集中部署，获取集中化处理的优势；eMBB 场景对带宽要求都比较高，对于时延要求，差异比较大，CU 集中部署的位置根据时延要求来确定；而 URLLC 场景对时延要求极其苛刻，一般都会采用共部署的方式，来降低传输时延的损耗。如图 5 - 5 - 4 所示。

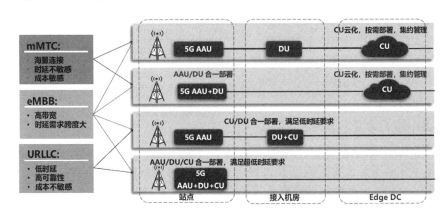

图 5 - 5 - 4　灵活切分和部署

场景一：切片间完全隔离，不同切片在不同的小区上，如 eMBB 切片和 NB - IoT 切片。

场景二：CU - C 共享，CU - U 隔离，不同的切片可以在相同的小区上，共享 CU - C，终端要求同时接入多个切片，如：不同的 eMBB 切片。

三、支持和核心网的对接

无线网需要支持和核心网的对接，实现 AMF 的选择流程：

（1）如果 UE 携带有效的 Temp ID，则 RAN 基于 Temp ID 选择 AMF；

（2）如果 UE 携带有效的 NSSAI，则 RAN 基于 NSSAI 选择 AMF；

（3）如果 UE 没有携带有效的 Temp ID 和 NSSAI，则 RAN 选择缺省的 AMF。

5.5.3　传输网子切片

传输网子切片，是在网元切片和链路切片形成的资源切片基础上，包含数据面、控制面、业务管理/编排面的资源子集、网络功能、网络虚拟功能的集合。

网元切片是基于网元内部的转发、计算、存储等资源进行切片/虚拟化，构建虚拟设备/虚拟网元（vNE），是设备的虚拟化，虚拟网元（vNE）具有类似物理网元的特征；链路切片是通过对链路进行切片，形成满足 QoS 要求的 vLink，vLink 可以是 LSP Tunnel，也可以是 FlexE Tunnel 或 ODUk 管道等。

基于虚拟化的 vNE 及 vLink，形成了虚拟网络（也可以称为资源切片，vNet）。虚拟网络（vNet）具有类似物理网络的特征，包括逻辑独立的管理面、控制面和转发面，满足网络之间的隔离特征。

传输网切片后，上层的业务与物理资源解耦，同时切片网络与业务解耦，即切片划分的时候无需感知业务。图 5 - 5 - 5 为传输网子切片的技术架构，底层的物理网络被切分为多个子切片，业务运行于独立的切片上。

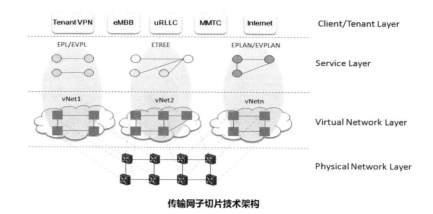

传输网子切片技术架构

图 5-5-5 传输网子切片技术架构

从传输网所处的网络位置及网络切片的隔离、运维等要求的角度来看，建议传输网子切片支持如下技术特性：

一、基于 SDN 架构的传输网子切片

SDN 实现了控制面和转发面的解耦，使得物理网络具有了开放、可编程的特征，支持未来各种新型网络体系结构和新型业务的创新。控制平面完成网络拓扑和资源统一管理、网络抽象、路径计算、策略管理等功能。基于层次化的多实例控制器，实现物理网络和切片网络的端到端统一控制和管理。

二、基于 FlexE 技术，实现子切片弹性伸缩和低时延

FlexE 技术通过将一个或多个捆绑后的物理端口划分为多个逻辑端口实现切片，可实现带宽的灵活伸缩以及逻辑端口之间的隔离。由于 FlexE 技术具备大带宽、灵活分配、硬管道和通道化的技术特点，因此能较好地满足 5G 网络切片的需求。

三、支持多种切片隔离技术

除 FlexE 硬切片技术外，可以通过传统的 VLAN、VPN 等虚拟化技术，结合 QoS，基于 LDP、RSVP-TE、SR 等隧道层技术，实现网络软切片。

四、网元节点虚拟化的技术

网元节点的虚拟化技术，是指面向网元内部的转发、计算、存储等资源进行切片/虚拟化，形成虚拟网元（vNE）。虚拟网元具有类似物理网元的特征。

五、传输网子切片的安全隔离技术

随着网络切片技术的发展和广泛地使用，众多高价值的垂直行业用户将会对网络和业务的安全提出更高的要求，因此需要从各个层面部署合理的攻击防范措施：基础的数据转发面攻击防范、网络切片控制器的攻击防范、业务配置管理面的攻击防范等。

5.5.4 切片编排管理系统

5G 切片可以根据垂直行业（如 AR/VR，车联网）、地域（省市、全国或热点区域）、虚拟运营商等维度进行部署划分，而且切片编排涉及到接入网、传输网和核心网等，各网

络设备由不同的设备厂商提供，因此，切片的编排、部署和互通都面临着巨大的挑战。

5G 切片将以模型驱动的工作方式，快速适应新业务、新切片、新功能，以推动新的商业模式的发展。如图 5 - 5 - 6 所示。

图 5 - 5 - 6　基于 DevOps 切片管理

电信级 DevOps 编排系统支持切片设计可视化、部署自动化、运维智能化，实现快速业务交付。

一、可视化的切片设计

端到端切片的设计是比较重要的一环，设计中心具备丰富的切片模板和认证组件库，可以直接使用切片模板对参数更改或者增加删除组件，实现快速自定义的切片设计。支持云化的测试环境，可模拟实际环境进行预部署，并提供了丰富的切片自动化测试工具，支持对设计变更的切片进行功能和性能测试与验证，形成集中化闭环的设计中心，让切片设计变得更加简单。

二、自动化的端到端切片部署

通过 CSMF、NSMF、NSSMF 和 MANO 实现 5G 端到端切片的订购、编排、部署的自动化。NSSMF 既可以和 NSMF 集中部署，也可以下沉到子切片域进行部署，以适配对不同厂家设备的编排。如图 5 - 5 - 7 所示。

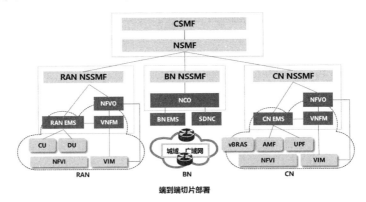

图 5 - 5 - 7　端到端切片部署

CSMF（Communication Service Management Funtion）是通信服务管理功能。租户或企业可以通过 CSMF 向运营商订购切片，并提交相关的需求，比如在线用户数、平均用户速率、时延需求等。

NSMF（Network Slice Management Function）负责切片的编排和部署。将 CSMF 的需求自动转化为切片需要的 SLA，并把端到端切片需求分解为子切片需求。

NSSMF（Network Slice Subnet Management Function）负责子切片编排和部署。最后切片或子切片的模板转化为网络服务的模板，再通过 MANO 进行切片的部署。

三、智能化闭环运维

自动化保障机制通过不同层次的自动化闭环机制（采集 -> 分析 -> 决策 -> 动作执行），实现故障自愈、弹性和自优化，减少运维中的人工介入。业务层、切片层、子切片层、网元层、资源层均提供自动化运维能力，具备实时的自动化保障能力。支持层与层之间的协同，保障切片端到端的服务质量。提供实时的资产状态视图，包括切片拓扑、切片健康状况以及 SLA 指标，实时掌握全网状况，有利于资源的优化使用，实现层次化的自动化闭环机制，达到故障自愈和自优化的效果，简化运维。

5.5.5 多接入边缘计算 MEC

MEC 运行于网络边缘，逻辑上并不依赖于网络的其他部分，所以适用于安全性要求较高的应用。同时 MEC 服务器通常具有较高的计算能力，因此适合分析处理大量数据。由于 MEC 距离用户或信息源在地理上非常邻近，使得网络响应用户请求的时延大大减小，也降低了传输网和核心网发生网络拥塞的概率。MEC 能够实时获取基站 ID、可用带宽等网络数据以及与用户位置相关的信息，从而进行链路感知自适应，极大地改善了用户的服务质量体验。

MEC 关键技术主要包括 NFV 技术和 SDN 技术。虚拟化技术与网络的结合催生了网络功能虚拟化（network function virtualization，NFV）技术，该技术将网络功能整合到行业标准的服务器、交换机和存储硬件上，并且提供优化的虚拟化数据平面，可通过服务器上运行的软件实现管理从而取代传统的物理网络设备。SDN 技术是一种将网络设备的控制平面与转发平面分离，并将控制平面集中实现的软件可编程的新型网络体系架构。SDN 技术采用集中式的控制平面和分布式的转发平面，两个平面相互分离，控制平面利用控制/转发通信接口对转发平面上的网络设备进行集中控制，并向上提供灵活的可编程能力，这极大地提高了网络的灵活性和可扩展性。

6 5G 无线网络优化

6.1 网络重点无线参数的含义、配置及优化

一、IRAT 空闲态重选

IRAT 空闲态重选参数描述见表 6 – 1 – 1。

表 6 – 1 – 1　IRAT 空闲态重选参数描述表

参数英文名	中文含义	所在消息	功能含义	对网络质量的影响
5 – >4 重选参数，NR 侧设置				
cellReselection Priority	服务小区重选优先级	SIB2 – > cellReselectionServingFreqInfo	该参数表示服务频点的小区重选优先级，0 表示最低优先级，对应 3GPP TS38.331 协议 SIB2 中的 cellReselectionPriority 信元。	值设置越高，绝对优先级就越高，则 UE 就越优先重选到该频点
cellReselection SubPriority	NR 服务小区重选子优先级	SIB2 – > cellReselectionServingFreqInfo	该参数表示服务频点的小区重选子优先级。	
CarrierFreq EUTRA	EUTRA 邻频点	SIB5 – > carrierFreqListEUTRA – > CarrierFreqEUTRA	该参数表示 EUTRA 邻频点	
s – NonInra SearchP	异频异系统重选起测门限 RSRP	SIB2 – > cellReselectionServingFreqInfo	该参数表示异频异系统小区重选测量触发 RSRP 门限。对于重选优先级大于服务频点的异系统，UE 总是启动测量；对于重选优先级小于等于服务频点的异频或者重选优先级小于服务频点的异系统，当测量 RSRP 值大于该值时，UE 无需启动异系统测量；当测量 RSRP 值小于或等于该值时，UE 需启动异系统测量。	该参数配置的越小，则提高异频异系统小区重选中测量的触发难度；该参数配置的越大，则降低异频异系统小区重选中测量的触发难度。

续表

参数英文名	中文含义	所在消息	功能含义	对网络质量的影响
threshSering LowP	异频异系统低优先级重选门限 RSRP	SIB2 - > cell-ReselectionServ-ingFreqInfo	该参数表示服务频点向低优先级异频异系统重选时的 RSRP 门限	该参数配置的越小，更难触发到低优先级异频或异系统的小区重选。该参数配置的越大，更容易触发到低优先级异频或异系统的小区重选。
q – Hyst	小区重选迟滞	SIB2 - > cell-ReselectionCommon - > speedStateR-eselectionPars	该参数表示 UE 在小区重选时，服务小区 RSRP 测量值的迟滞值	该参数设置越小，同频或异频同优先级重选越容易，但是乒乓重选的概率增加；该参数设置的越大，同频或异频同优先级重选越难，乒乓重选的概率减小。
Treselection EUTRA	重选信号判决时长	SIB5	该参数表示重选 EUTRAN 小区定时器长。在重选 EUTRAN 小区定时器时长内，当服务小区的信号质量和新小区信号质量满足重选门限，且 UE 在当前服务小区驻留超过 1s 时，UE 才会向 EU-TRAN 小区发起重选。	该参数配置的越小，UE 在本小区就越容易发起重选，但是增大了乒乓重选的概率；该参数配置的越大，UE 在本小区越难发起重选，但是减小了乒乓重选的概率。

参数英文名	中文含义	所在消息	功能含义	对网络质量的影响
threshX – High	EUTRAN 频点高优先级重选 RSRP 门限	SIB5 – > Carrier-FreqEUTRA	该参数表示异系统 EUTRAN 频点高优先级重选的 RSRP 门限值，在目标频点的小区重选优先级比服务小区的小区重选优先级要高时，作为 UE 从服务小区重选至目标频点下小区的接入电平门限。	该参数设置的越小，触发 UE 对高优先级小区重选的难度越小；该参数设置的越大，触发 UE 对高优先级小区重选的难度越大。
threshX – low	EUTRAN 频点低优先级重选 RSRP 门限	SIB5 – > Car-rierFreqEUTRA	该参数表示异系统 EUTRAN 频点低优先级重选的 RSRP 门限值，在目标频点的绝对优先级低于服务小区的绝对优先级时，作为 UE 从服务小区重选至目标频点下的小区的接入电平门限。	该参数设置的越小，触发 UE 对低优先级小区重选的难度越小；该参数设置的越大，触发 UE 对低优先级小区重选的难度越大。
q – RxlevMin	EUTRA 最小接入电平	SIB5 – > Carrier-FreqEUTRA	该参数表示异系统 EUTRAN 小区最低接入 RSRP 电平，应用于小区选择准则（S 准则）的判决。	该参数设置的越小，触发 UE 重选的难度越小，该参数设置的越大，触发 UE 重选的难度越大。
4 – >5 重选参数，LTE 侧设置				
cellReselection Priority	小区重选优先级	SystemInforma-tionBlockType3 – > cellReselec-tionServing-FreqInfo	该参数表示服务频点的小区重选优先级，0 表示最低优先级，7 表示最高优先级。	

续表

参数英文名	中文含义	所在消息	功能含义	对网络质量的影响
CarrierFreq NR – r15	NR 邻频点	SystemInformationBlockType24 – r15	该 参数表示该异系统 NR 邻区的 SSB 下行频点	
periodicityAndOffset – r15	SSB 测量周期	SystemInformationBlockType24 – r15 – > CarrierFreqNR – r15 – > MTC – SSB – NR – r15	该参数用于配置 NR 小区的 SSB 周期	
ssb – Duration – r15	SSB 测量时间窗	SystemInformationBlockType24 – r15 – > CarrierFreqNR – r15 – > MTC – SSB – NR – r15	该参数表示 UE 测量 NR 小区的 SSB Burst Set 的持续时间。	
subcarrierSpacingSSB	SSB 子载波间隔	SystemInformationBlockType24 – r15 – > CarrierFreqNR – r15	该参数表示 NR 邻频点的 SSB 子载波间隔	
cellReselectionPriority	NR 频点重选优先级	SystemInformationBlockType24 – r15 – > CarrierFreqNR – r15	NR 频点重选优先级	
threshX – High – r15	NR 频点高优先级重选 RSRP 门限	SystemInformationBlockType24 – r15 – > CarrierFreqNR – r15	该参数表示异系统 NR 频点高优先级重选的 RSRP 门限值,在目标频点的小区重选优先级比服务小区的小区重选优先级要高时,作为 UE 从服务小区重选至目标频点下小区的接入电平门限。	该参数配置的越小,对 NR 的重选信号质量要求越低,越容易发起 L2NR 重选,但是 NR 侧远点用户会增多

参数英文名	中文含义	所在消息	功能含义	对网络质量的影响
threshX – low – r15	NR 频点低优先级重选 RSRP 门限	SystemInformationBlockType24 – r15 – > CarrierFreqNR – r15	该参数表示异系统 NR 频点低优先级重选的 RSRP 门限值,在目标频点的绝对优先级低于服务小区的绝对优先级时,作为 UE 从服务小区重选至目标频点下的小区的接入电平门限。	该参数配置的越小,对 NR 的重选信号质量要求越低,越容易发起 L2NR 重选,但是 NR 侧远点用户会增多
q – Rxlev Min – r15	最小接收电平	SystemInformationBlockType24 – r15 – > CarrierFreqNR – r15	该参数表示异系统 NR 小区最低接入 RSRP 电平,应用于小区选择准则(S 准则)的判决。	该值建议与 NR 系统内 NR 最低接入电平保持一致,通常不建议修改。

二、IRAT 连接态切换/重定向

本节制定 IRAT 4/5G 连接态基于覆盖的切换、基于测量的重定向、盲重定向的关键参数设置,具体可参考表6 – 1 – 2。

表6 – 1 – 2　IRAT 连接态切换/重定向参数描述

参数英文名	中文含义	所在消息	功能含义	对网络质量的影响
5 – >4 切换/重定向参数,NR 侧设置				
eventId	异系统切换/测量重定向触发事件类型	RRCCReconfiguration – > MeasConfig – > ReportConfigInterRAT – > EventTriggerConfigInterRAT – > eventId	该参数表示异系统切换/测量重定向的测量事件类型	
b2 – Threshold1	切换/测量重定向至 EUTRAN B2RSRP 门限 1	RRCCReconfiguration – > MeasConfig – > ReportConfigInterRAT – > EventTriggerConfigInterRAT – > eventId – > eventB2	该参数表示异系统切换/测量重定向的 B2 事件的 RSRP 门限 1	

参数英文名	中文含义	所在消息	功能含义	对网络质量的影响
b2 – Threshold2ERAUT	切换/测量重定向至EUTRAN B2RSRP门限 1	RRCCReconfiguration – > MeasConfig – > ReportConfigInterRAT – > EventTriggerConfigInterRAT – > eventId – > eventB2	该参数表示异系统切换/测量重定向的 B2 事件的RSRP 门限 2	
hysteresis	切换/测量重定向至EUTRAN B2 幅度迟滞	RRCCReconfiguration – > MeasConfig – > ReportConfigInterRAT – > EventTriggerConfigInterRAT – > eventId – > eventB2	该参数表示基于覆盖的切换/测量重定向至 EUTRAN B2幅度迟滞	
timeToTrigger	切换/测量重定向至EUTRAN B2 时间迟滞	RRCCReconfiguration – > MeasConfig – > ReportConfigInterRAT – > EventTriggerConfigInterRAT – > eventId – > eventB2	该参数表示基于覆盖的切换/测量重定向至 EUTRAN B2时间迟滞	
参数英文名	中文含义	所在消息	功能含义	对网络质量的影响
5 – >4 切换/重定向参数，LTE 侧设置				

续表

参数英文名	中文含义	所在消息	功能含义	对网络质量的影响
CarrierFreq NR – r15	NR 邻频点	RRCCReconfiguration – > MeasConfig – > Mea-sObjectToAd dMod – > MeasObjectNR – r15	该参数表示该异系统 NR 邻区的 SSB 下行频点	
periodicity AndOffset – r15	SSB 测量周期	RRCCReconfiguration – > MeasConfig – > Mea-sObjectTo AddMod – > MeasObjectNR – r15	该参数用于配置 NR 小区的 SSB 周期	
ssb – Durat ion – r15	SSB 测量时间窗	RRCCReconfiguration – > MeasConfig – > Mea-sObjectToA ddMod – > MeasObjectNR – r15	该参数表示 UE 测量 NR 小区的 SSB Burst Set 的持续时间。	
subcarrier SpacingSSB	SSB 子载波间隔	RRCCReconfiguration – > MeasConfig – > Mea-sObjectT oAddMod – > MeasObjectNR – r15	该参数表示 NR 邻频点的 SSB 子载波间隔	
MaxRS – Index CellQualNR – r15	计算小区质量的最低参考信号数	RRCCReconfiguration – > MeasConfig – > Mea-sObject ToAddMod – > MeasObjectNR – r15	该参数表示 UE 基于波束级 RSRP 计算得到小区级 RSRP 时，允许使用的最大 SSB 波束个数。	

续表

参数英文名	中文含义	所在消息	功能含义	对网络质量的影响
ThresholdListNR – r15	计算小区质量的参考信号门限值	RRCCReconfiguration – > MeasConfig – > MeasObject ToAddMod – > MeasObjectNR – r15	该参数表示配置计算小区级 SSB 测量结果时波束级测量结果合并需要满足的门限值。当小区内存在 1 个或多个 SSB 波束的 RSRP 大于该参数的取值时，小区级 RSRP 等于大于该参数取值的 RSRP 线性平均值。	
gapOffset	GAP 周期及偏置	MeasConfig – > MeasGapConfig	异系统测量 GAP 周期及 offset 配置	GAP 周期太长，则测量时长变长，GAP 周期太短，则测量导致的性能损失增大。

三、EPS FB

表 6 – 1 – 3 EPS FB 参数描述

参数英文名	中文含义	所在消息	功能含义	对网络质量的影响
EPS fallback 回落参数，NR 侧设置				
b1 – ThresholdEUTRA	EPSFB B1 RSRP 门限	RRCCReconfiguration – > MeasConfig – > ReportConfig-InterRAT	该参数表示 EPSFB 至 EUTRAN 的 B1 事件的 RSRP 触发门限。	该参数设置的越小，EPSFB B1 事件越容易触发
hysteresis	EPSFB B1 幅度迟滞	RRCCReconfiguration – > MeasConfig – > ReportConfig-InterRAT	该参数表示 EPSFB 至 EUTRAN 的 B1 事件的幅度迟滞。	该参数配置的越小，EPSFB B1 事件上报触发条件和退出上报条件的难度越小。

续表

参数英文名	中文含义	所在消息	功能含义	对网络质量的影响
timeToTrigger	EPSFB B1 时间迟滞	RRCCReconfiguration - > MeasConfig - > ReportConfig-InterRAT	该参数表示 EPSFB 至 EUTRAN 的 B1 事件的时间迟滞	该参数配置得越小，EPSFB B1 事件上报触发条件和退出上报条件的难度越小
eutra - Q - OffsetRange	连接态频率偏置	RRCCReconfiguration - > MeasConfig - > MeasObjectEU-TRA	该参数表示 NR 小区的 EUTRAN 邻区频点的频率偏置	减小 ofn，将增加 B1 和 B2 事件触发的难度，延缓切换，影响用户感受
cellIndividualOffset	EUTRAN 小区偏移量	RRCCReconfiguration - > MeasConfig - > MeasObjectEU-TRA	该参数表示本地小区与 EUTRAN 邻区之间的小区偏移量	该参数设置得越大，越容易触发 B1/B2 测量报告和切换
EPS fallback Fastturn 参数，LTE 侧设置				
b1 - ThresholdNR - r15	EUTRAN 切换至 NR B1 事件 RSRP 触发门限	RRCReconfig - > MeasConfig - > ReportConfigInterRAT - > TriggerType - > event - > eventId - > eventB1 - NR - r15	该参数表示基于业务的 EUTRAN 切换至 NR 的 B1 事件的 RSRP 触发门限，如果邻区 RSRP 测量值高于该触发门限，则上报 B1 测量报告	增大该参数将提高对 NR 的信号质量要求，相对越难测量到 NR，减小该参数将降低对 NR 的信号质量要求

续表

参数英文名	中文含义	所在消息	功能含义	对网络质量的影响
hysteresis	NR切换B1/B2事件幅度迟滞	RRCCReconfiguration－＞MeasConfig－＞ReportConfig-InterRAT	该参数表示EURAN切换到NR的B1/B2事件幅度迟滞	该参数设置得越大，则增加B1/B2事件触发的难度，延缓切换，影响用户感受；该参数设置得越小，则使得B1/B2事件更容易触发，容易导致误判和乒乓切换
timeToTrigger	NR切换B1/B2事件时间迟滞	RRCCReconfiguration－＞MeasConfig－＞ReportConfig-InterRAT	该参数表示EURAN切换到NR的B1/B2事件时间迟滞	该参数设置得越大，则切换到NR小区的难度增大，该参数设置得越小，则切换到NR小区的难度减小
offsetFreq－r15	频率偏置	RRCCReconfiguration－＞MeasConfig－＞MeasObjectNR－r15	该参数表示NR频点的频率偏置。用于控制UE上报B1和B2测量报告的难易	减小ofn，将增加B1和B2事件触发的难度，延缓切换，影响用户感受

四、NR随机接入

NR随机接入参数描述如下表6-1-4所示。

表6-1-4 NR随机接入参数描述表

参数英文名	中文含义	所在消息	功能含义	对网络质量的影响
PRACH Format	PRACH格式	无	指示Preamble长格式/短格式	
prach－ConfigurationIndex	PRACH索引	RACH－ConfigGeneric	指示PRACH格式、周期等	该参数对应的PRACH周期越大，gNodeB支持的接入容量越低，占用的上行资源越少

续表

参数英文名	中文含义	所在消息	功能含义	对网络质量的影响
msg1－FDM	MSG1 的 FDMgroup 数量	RACH － ConfigGeneric	指示频域 PRACH 资源的个数	
msg1－FrequencyStart	MSG1 的 FDMgroup 数量	RACH － ConfigGeneric	指示频域 PRACH 所占用的频域资源的起始位置	
Rsrp－ThresholdSSB	RA 发起需要的 SS-BRSRP 门限	RACH － Config-Common	指示 UE 可以选择满足该门限的 SSB 和相关的 PRACH 资源来进行 PRACH 发送或重传，或进行路损估计	
Prach－RootSequenceIndex	PRACH 根序列索引	RACH － Config-Common	该字段指示了 PRACH 根序列索引。该参数取值范围取决于选用的 $L=839$ 长序列还是 $L=139$ 短序列	
ZeroCorrelationZoneConfig	零相关区间配置	RACH － ConfigGeneric	该参数是索引值，对应指示 Ncs 的大小，即用于 ZC 根序列的循环移位值	规划参数，与小区接入半径相关。Ncs 配置大，小区覆盖半径大，每小区需要的根序列数量多

五、寻呼类

寻呼类参数描述如下表 6－1－5 所示。

表 6－1－5　寻呼类参数描述表

参数英文名	中文含义	所在消息	功能含义	对网络质量的影响
defaultPagingCycle	默认寻呼周期	PCCH － Config － > defaultPagingCycle	指示 PCCH 的默认寻呼周期	该参数配置越大，UE 耗电越小，但寻呼消息的平均延迟越大

参数英文名	中文含义	所在消息	功能含义	对网络质量的影响
n	寻呼周期内 PF 个数	PCCH – Config –> nAndPaging-FrameOffset	指示寻呼周期内寻呼帧的个数	该参数配置过小，可能导致无线侧寻呼拥塞，配置过大，可能导致控制信道浪费
pfOffset	寻呼帧偏置	PCCH – Config –> nAndPaging-FrameOffset	指示寻呼帧偏置	该参数配置不同，导致寻呼系统帧的时序不同
ns	PF 中 PO 个数	PCCH – Config –> ns	指示 PF 中寻呼时机 PO 的个数	该参数配置过小，可能导致无线侧寻呼拥塞，配置过大，可能导致控制信道浪费

6.2 性能评估及指标优化

6.2.1 性能评估电信网络评估的指标

性能评估电信网络评估的指标如下表 6 – 2 – 1 所示。

表 6 – 2 – 1 性能评估电信网络评估的指标

	SN 添加成功率（锚点）	SN 异常释放率（锚点）	带 SN 切换成功率（锚点）	SN 添加成功率（NR）	SN 异常释放率（NR）	SN 变更成功率（NR）	SN 变更成功率带 PScell（NR）
基准值	99%	5%	99%	99%	1%	95%	99%
挑战值	99.70%	0.50%	99.70%	99.80%	0.40%	99%	99%

6.2.2 指标优化

一、SN 添加成功率

（一）SN 添加流程

采样点 1：当 MN 向 SN 发送 SN 添加请求 SgNB Addition Request 消息时，进行采样，用于统计 SgNB 添加请求的次数。采样点 2：MN 等待 SgNB Addition Request Acknowledge

消息超时，进行采样统计。采样点 3：MN 收到 SN 的添加拒绝消息 SgNB Adition Request Reject 进行采样统计。采样点 4：MN 下发空口重配后，空口重配定时器超时，进行采样统计。采样点 5：MN 给 SN 发送 SgNB Reconfiguration Complete 消息且 MN 配置完成，进行采样统计。采样点 6：MN 收到 E－RAB Modification Confirm 且 MN 配置完成，进行采样统计。采样点 7：MN 收到 E－RABModification Confirm 后所有的 E－RAB 修改均失败或者等待 E－RAB Modification Confirm 消息超时，进行采样统计。

（二）NSA 接入指标优化思路

1. 全网性 SN 添加成功率不达标核查

是否存在区域性干扰；大部分锚点小区/NR 小区版本过旧，建议现场 LTE 锚点版本和 NR 侧版本升级到 LTE3.80.20.20P40/NRV5.35.20.20P42 成更新版本；NR 小区参数未对齐；核查根序列、PrachConfigurationIndex、Ncs 配置、PCI 等基站参数配置不合理，未按规划配置；4－>5 邻区漏配问题突出，进行邻区优化；6.4－>5 X2 偶联配置异常，偶联故障问题突出，进行 X2 优化。

2. SN 添加成功率不达标 TOP 小区核查

检查是否存在 SN 添加成功率异常的 NR 小区或 LTE 锚点 TOP 小区；检查是否存在 4－>5 SN 添加异常的 TOP 邻区对；检查 TOP 邻区对中锚点侧小区基础 KPI 是否正常，掉线率是否正常，是否存在告警、高 NI 等；检查 TOP 邻区对中邻区对目标侧 NR 侧基站状态是否正常，是否存在告警、高 NI；检查异常锚点 LTE 侧版本，确保现场 LTE 锚点版本为 LTE3.80.20.20P40 及以后；检查锚点侧参数配置，4－>5 外部邻区定义核查，NR 邻区 PCI 混淆；检查异常 NR 基站版本，NR 侧版本为 NRV5.35.20.20P42 及以后；4－>5x2 偶联配置，X2 状态核查；覆盖问题排查是否存在过覆盖，5－>5，4－>5 邻区漏配问题；加腿 B1 门限设置过低核查；NR 侧按要求对齐定标参数，其他参数问题：核查根序列、PrachConfigurationindex、Ncs 配置。

二、SN 异常释放率

（一）SN 释放流程

SN 触发的 SN 释放，如图 6－2－1 所示。

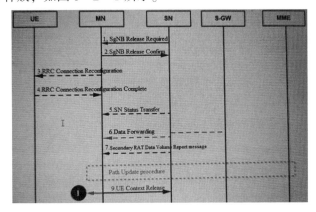

图 6－2－1　SN 释放流程 SN 触发的 SN 释放

本统计流程图表述了 SN 触发的 SN 释放流程。采样点 1：当 MN 向 SN 发送 UE Context Release 消息时，进行采样统计。MN 触发的 SN 释放如图 6 - 2 - 2 所示。

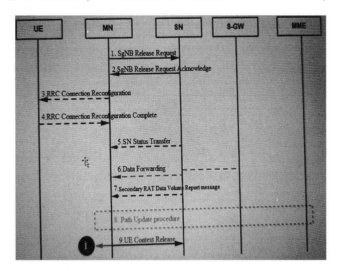

图 6 - 2 - 2　MN 触发的 SN 释放流程

本统计流程图表述了 MN 触发的 SN 释放流程。采样点 1：当 MN 向 SN 发送 UE Context Release 消息时，进行采样统计。

（二）SN 异常释放处理思路

1. 全网性 SN 异常释放率不达标检查

是否存在区域性干扰。NR/锚点小区出现区域性故障，告警。区域性出现 4 - >5 偶联告警故障，4 - >5 邻区中存在 5G 邻区同频同 PCI 问题。锚点到非锚点定向策略配置不合理导致锚点与非锚点之间出现大量的乒乓切换，从而引起较多的异常释放。4 - >5，5 < - >5 邻区漏配问题突出。A2 门限设置过低。

2. SN 异常释放率不达标 TOP 小区核查

检查是否存在 SN 异常释放异常的 NR 小区或 LTE 锚点 TOP 小区；检查是否存在 4 - >5 SN 异常释放次数较多的 TOP 邻区对；检查 TOP 邻区对中锚点小区问题：锚点小区基础 KPI 是否正常，掉线率是否正常，是否存在告警、高 NI 等；锚点到非锚点定向策略配置不合理导致锚点与非锚点之间出现大量的乒乓切换，从而引起较多的异常释放；检查锚点侧参数配置，4 - >5 外部邻区定义核查，NR 邻区 PCI 混淆核查；4 - >5 ×2 偶联配置，X2 状态核查；4 - >5 邻区关系检查，是否存在漏配锚点，漏配邻区的问题，检查双连接承载模式配置检查；QCI = 1/2/3/5 配置为 MCG 模式，QCI6/7/8/9 配置为 SCG 模式；检查 TOP 邻区对 NR 小区问题：检查 TOP 邻区对中邻区对目标侧基站状态是否正常，是否存在告警，高 NI；5 - >4 的 x2 偶联配置，x2 状态检查；5 < - >5 邻区漏配问题检查，NR 侧删腿 A2 门限检查；

三、SN 变更成功率

(一) SN 变更流程

SN 变更流程,如图 6-2-3 所示。

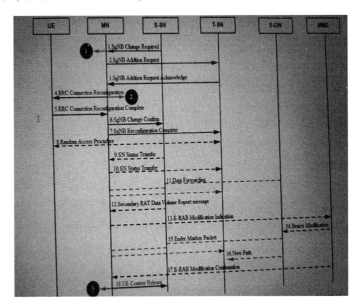

图 6-2-3　SN 变更流程

采用点 1:当 MN 收到 SN 发送的 SgNB Change Required 时,进行采样统计。

采用点 2:当 MN 向 NR 终端下发空口重配消息 RRC Connection Reconfiguration 消息时,进行采样统计。

采样点 3:当 MN 向源 SN 发送 UE Context Release 消息时,进行采样统计。

影响 SN 变更成功率的主要因素图 SN 变更节点分析,如图 6-2-4 所示。

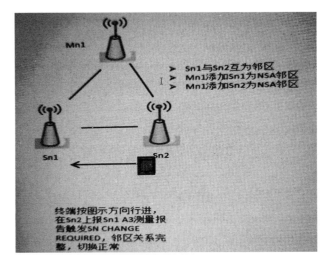

图 6-2-4　SN 变更节点分析

如果 5-5 未添加邻区，MR 上报后不会触发 SN CHANGE REQUIRED，所以不会计入 SN 变更请求次数（C600600009）；

图 6-2-5 所示为 SN 变更网元关系。

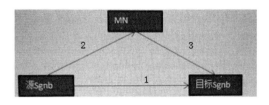

图 6-2-5 SN 变更网元关系

按流程分析如下：

如果缺失 1 的邻区关系，UE 不会去测量目标 Sgnb 的信号，不会触发 SNchange 流程。

如果缺失 2 的 X2 链接，也不会触发 SN change 的开始。

如果 3 缺失 X2 或邻区关系或目标 Sgnb 断链，则会出现 SN change 准备失败。

如果前面的 SN change 准备成功，在步骤 1 的时候 UE 无法接入目标 sgnb，会出现 SN change 执行失败。

按照 SN change 的流程阶段，将影响 SN change 成功率因素总结如下：准备阶段失败：对应图 6-2-5 中的步骤 3 流程 MN 和目标侧 SgNB 没有配置 X2 口；MN 和目标侧 SgNB 的小区没有配置邻区关系（涉及到 reserve4 开关）；MN 和目标侧 SgNB 的 X2 链路断；目标 SgNB 掉站，目标 SgNB 功率不会为 0，执行阶段失败：对应步骤 3 成功率后，步骤 1 的流程；MN 侧配置的 SgNB 的邻区中 PCI 混淆；无线覆盖等其他原因。

（二）SN 变更成功率优化思路

1. SN 变更成功率指标全网优化

4< - >5 邻区精细规划，可采用 CNOP 平台 NR 小工具进行 4 - >5 邻区关系规划。

5G 站 300 以内的 4G 站全部配置为锚点站，300~1000m，按照波瓣 60°加对打小区；

5G 站 500m 以内的 4G 站全部配置为锚点站，500~1000m，按照波瓣 90°加对打小区；

先匹配出 NR 站点最近的一个 FDD 锚点（已配置 4-5 邻区），然后统计该锚点站的同频切换次数（邻区对级），筛选出和这个锚点站切换次数最多的 TOP 20（30）同频邻区，这 top20（30）小区全部和该 NR 站点配置 4-5 邻区。

根据计数器 C373760017 目标 SgNB 的 SgNB 修改失败次数，由于其他原因，当该计数器上报的 T-SN 携带 CellD-65535 时，该 SgNB 存在和 LTE 锚点小区来配置邻接关系或者不存在偶联的情况。对该 SgNB 进行邻接关系配置和 ENDCx2 链路检查，如果存在漏配，需要补齐问题锚点小区到目标 SgNB 所有小区的邻区以及 4< - >5 X2 链路。

利用 4 - >5 邻区"快配"工具，统计现网漏配的 4 - >5 邻区信息，对于 4 - >5 单小区邻区个数超过 60 的小区（LTE 单小区支持最大 64 条 4 - >5 邻区）进行邻区删除优化，删除原则如下：对于已经添加好的 4 - >5 邻区关系，可以根据该计数器 C373760022 目标 SgNB 的 SgNB 修改成功次数，从其上报的 T-SN 的 gNBld 和 CellD 识别出，这组邻接关系是否在用，如果次数长期为0且锚点和NR基站距离过远，进行邻区删除优化，给其他小区省出资源。

2. 4 < − > 5 SCTP 和 ENDC − X2 偶联核查优化

对于4 < − > 5X2 偶联满配的进行偶联删除优化：如果4 < − > 5X2 偶联已经达到了预留的偶联数，根据基站级的 C373760022 目标 SgNB 的 SgNB 修改成功次数长期为0且锚点和 NR 基站距离过远的，可酌情删除，留出资源。

针对4 − > 5整站没有邻区关系，进行4 − > 5外部定义，4 < − > 5X2 偶联删除。

打开 NR 侧 ENDC 链路告警，对偶联断链的场景进行排除。

针对现网存在的单向 SCTP 和 ENDC − X2 偶联需要进行反向添加，包括偶联以及偶联 AP。

3. 4 < − > 5 邻区外部定义准确性核查

4 < − > 5 邻区外部定义准确性核查

包括4 − 5外部定义的 NR 小区 SSB 频点，Band，PCI，gNBID. CellD，顿边界偏移，系统顿号偏移，PLMN 等。

4. 5 < − > 5 外部邻区准确性核查

5 < − > 5 外部邻区准确性核查包括5 − > 5 外部定义的 NR 小区 SSB 频点，Band，PCl，gNBID，CellD，PLMN 等。

5. 5 < − > 5 邻区优化

针对近距离缺失的5 < − > 5 邻区进行添加优化，针对距离较远 SN 变更次数长期为0的冗余邻区进行删除优化，对目标 NR 小区已经不存在的冗余邻区进行删除优化。

6. PCI 混淆核查

核查现网 NR 室分，宏站小区复用距离，针对复用距离小于 3000m 的小区重新规划 PCI。

注：现阶段 NR 室分小区，宏站小区同频组网，室分 PCI 和宏宏站 PCI 建议进行分段。翻 PCI 后及时更新4 − > 5外部定义，减少 PCI 混淆问题带来的 SN 变更失败，统计出现网的 PCI 混淆的4 − > 5 邻区对后，针对目标测小区状态异常的4 − > 5 邻区进行删除优化。

四、CQI 优良比

（一）CQI 优良率指标影响因素分析

1. 覆盖

5G 网络覆盖是否合理，是否能够做到连续覆盖；结合 TOP 小区分析是否是孤岛或者与周围的站间距过大。

2. 切换

SN 是否可以及时适当地变更；结合 TOP 小区，分析 56G 邻区配置是否完整，SN 变更成功率是否正常。

3. 干扰

是否有外部干扰影响；结合 TOP 小区分析底噪。

4. 宏微干扰

Qcell 是否收到宏站干扰；结合 TOP 小区分析是否是 Qcell，Qcell 配置是否规避了宏站干扰。

（二）CQI 优良率提升方法

增大辅同步信号的 RE 功率相对于 CSI – RS 的功率偏移（powerControlOffsetSS（dB）从 0 增大到 3dB）

针对 TOP 小区调整 PMI 上报周期考虑到现网建网阶段，很多区域覆盖不佳，拖累了 CQI 指标，因此考虑针对这部分覆盖不佳站点，通过增大 CQI 上报周期，减少这部分质差样本在全网统计中的占比，间接提升全网指标。验证方法：修改 55 个 TOP 小区的 CQI 上报周期（修改上报周期 PMmeas 表中 CSIReportPeriod 从 40 到 160slot；修改 PMI 上报周期 CSiReportResource 表中 pmiReportPeriod 从 40 到 160slots0 到 80slot.），从参数调整后的数据看效果良好：

资源评估及容量优化随着 5G 业务的推广，5G 商用用户越来越多，基站面临的压力和负荷越来越大。当前默认的 50 档用户等级已逐渐满足不了需求。当用户过多时，则会存在 SRS、PUCCH 等资源受限导致上下行速率异常，影响用户感知，需要根据后台小区用户数情况进行对应的容量等级调整。对于现网一般区域，如无其他特殊考虑，建议进行 200UE 档位扩容。对于超高话务（＞200UE）区域，建议进行 400UE 档位扩容。PDCCH 符号数扩充：（1）判断条件：（"RRC 连接最大连接用户数" ＞ =20）AND（"UL CCE 分配失败比例（%）" ＞ = 10% OR "DL CCE 分配失败比例（%）" ＞ = 10%）。（2）统计标准：一周内有一天"自忙时"满足上述条件。（3）调整方案：将 PDCCH CORESET 时域符号个数（symbol）修改为"2"。（4）影响：正面增益：避免由于 CCE 资源分配失败带来的 PDCCH 资源受限，影响接入时延、空口传输时延等指标。负面影响：由于 PDCCH 时域符号数的增加，会影响下行峰值速率，预期会下降 10% 左右。

6.3 高话务场景保障

一、概述

NSA 组网模式下，4G 基站作为 5G 的锚点，负责控制面信令传输，用户驻留和保持在锚点上至关重要，所以锚点优化也是 NSA 组网的重点，电信/联通采用 NR3.5G 组网，电信 NR：3400MHz – 3500MHz；联通 NR：3500MHz – 3600MHz；相关优化内容如下：

（一）锚点规划与优化

5G 终端占用锚点是使用 5SG 业务的前提，所以锚点的规划与优化直接影响了 5G 业务使用感知包括4/5G覆盖优化、4/5G邻区的配置、4/5G移动性策略制定等。

（二）锚点优先驻留策略

当前5SG实施NSA组网模式，NSA终端必须占用锚定定频点的小区后，才能使用5SG业务提升用户感知。如何及时将NSA终端迁移到锚定频点的小区并保证稳定占用，是当前NSA终端移动性策略遇到的重要问题，以下针对不同组网环境下NSA终端优先占用锚定频点的小区的方案分别进行介绍。

（三）网络共享

指不同运营商之间在网络部署阶段共同承担高昂的移动网络部署费用的一种做法，可以极大地提高网络的利用率。电信联通共建共享采用4/5G接入网共享方案，现阶段采用NSA架构下的无线网共享，最终目标是SA架构下的无线网共享。考虑电联目前4G设备的实际建设情况，电信联通共建共享4G锚点方案主要包括两种：1.8G共享载波方案和2.1G独立载波方案。

（四）互操作策略优化

涉及到4/5互操作策略配置、NSA连片协同组网优化等。

二、SA锚点邻区规划

NSA锚点的连续性是终端占用5G服务的前提，所以要求锚点的覆盖范围一定要大于5G覆盖范围，同时考虑到目前主流终端对锚点的支持度，从电信集团策略，将800M、2.1G、1.8G作为锚点，涉及到锚点选择策略以及锚点站点的优化。

锚点规划具体原则如下：NR建设：建议NR与锚点LTE采用11的建设方案，即精品线路上，NR站点数不少于LTE站点数。NR与锚点对应关系：因锚点LTE与NR非共天馈，无法保证NR与锚点LTE覆盖完全相同，所以NR至锚点推荐使用一对多的方案。

（1）NR与共站址LTE均配置为锚点关系，同时添加有切换关系相邻NR小区对应的LTE小区为锚点关关系。

（2）NR和LTE采用非1:1建设方案：根据实测的覆盖情况进行锚点关系规划，保证NR对打的LTE小区配置为锚点关系，另外对于有切换关系相邻NR小区对应的LTE需配置为锚点关系。

（3）NR对应锚点数，根据现场实际覆盖情况进行灵活调整。为避免漏配，初始配置，同站和最近一圈的LTE小区均需要配置为锚点，同时NR对现网LTE优化要求较高，需要现场进行精细化的优化调整，避免锚点重叠覆盖度高导致的异常。

三、锚点邻区规划

NSA组网下，邻区规划的完整性极为关键，是网络优化启动的前提，要求通过邻区规划，完成90%以上的邻区添加，至于前台测试发现的漏重配邻区比例不应超过10%，即前台测试的邻区优化只是查漏补缺。

（一）4/5G邻区规划原则和方法

锚点与NR邻区规划基本原则：与5G小区存在重叠覆盖关系的所有锚点小区均需进行邻区配置，4/5G邻区规划遵循距离原则和强度原则。在现网实际规划时，可参考后台网管指标进行相应的邻区添加，具体如下。

1. 共扇区邻区继承方式

步骤1：提取某5G小区（A）对应的共扇区4G锚点小区（B）所有的同频邻区关系（C-Z）；

步骤2：针对同频邻区对应的每个4G锚点小区（C-Z），均添加5G小区（A）作为4G-5G邻区关系；当4/5G邻区超限时，可提取"特定两小区间切换"话统指标，按照切换次数从多到少排序，优先参考切换次数多的同频邻区关系添加4G-5G的邻区关系。

2. 距离原则

步骤1：梳理并核实5G建设区域内的锚点小区工程参数，包含经纬度、方位角、站高等关键数据；

步骤2：以1至2层邻区范围为基准，圈定5G站点周边的锚点小区（包含4/5G共站邻区）一至两圈，如果锚点与5G站点1比1建设，则可以直接继承共扇区邻区，即某锚点小区的所有同频4G邻区，均需添加与该锚点小区同扇区的5G小区为4-5G邻区。

3. 基于现场测试情况进行4/5G邻区添加

4/5G邻区规划主要通过距离原则完成主要的邻区规划，同时结合现场测试情况，针对漏配的邻区进行增补，保证覆盖的连续性，NR邻区增补后，需要核查对应锚点LTE的邻区关系，NR对应的锚点关系需要重新梳理，避免NR小区间配置邻区后，对应的锚点无邻区。

（二）锚点邻区规划

对于4G新建的锚点小区，需及时的进行锚点邻区添加以及现网锚点小区冗余数据核查，一般现网小区均开启了SON功能，锚点一般不会出现邻区漏配。

（三）NR邻区规划

NSA组网下，因为控制面信令由LTE承载，所以NR邻区规划依赖于服务小区对应锚点的规划，可参考NR至锚点的添加，即保证锚点LTE小区对应的NR小区均需要配置邻区关系。具体原则：距离原则：对于精品线路为保证演示效果，除同站3个扇区添加邻区外，第一圈对打的小区需进行互为邻区配置，同时对应的锚点LTE小区需要保证有邻区关系，可直接参考LTE锚点对应的NR小区关系配置，同一锚点下NR小区均需要保证邻区关系。强度原则：根据现场实测情况，进行邻区的相应优化，保证终端测试的连续性，NR邻区增补后，需要核查对应锚点LTE的邻区关系，NR对应的锚点关系需要重新梳理，避免NR小区间配置邻区后，对应的锚点无邻区。

4/5G协同优化NSA组网下，涉及到4/5G双层网的优化，包括5G图标显示、锚点优先驻留、单验以及区域连片优化等，考虑到现网商用用户多数承载在4G网络上，5G用户数较少，4G任何策略的调整，均需以网络安全为前提，指标不下降等，对于5G参数类配置因目前5G处于快速成熟阶段，不同版本下参数配置不同，所以5G相关参数配置以各个版本携带的基线参数以及相关技术通知单为准。

开通即商用应对策略之5G图标显示策略协议定义的EN-DC终端，5G图标显示受到

网络参数和终端实现方式的共同影响，例如网络侧广播消息 SIB 是否携带 UpperLayerIndi-
cation – r15 将会一定程度影响；同财终端有 Config A/B/C/D 四种实现方式可选。

终端可选的显示方案有四种，分别是 Config. A、Config. B、Config. C、Confg. D. 第
一，如终端遵守 Config. A 模式，那么在 NSA 组网中，不需要锚点小区广播消息 SIB2 携
带 UpperLayerIndication – r15，只有终端在连接态成功添加 SN 后才显示 5G 图标，其他场景
都显示 4G 图标。第二，如终端遵守 Confg. B 模式，那么在 NSA 组网中，需要锚点小区广
播消息 SIB2 携带 UpperLayerIndication – r15，终端在空闲态占用 4G 描点小区且测量到 NR
的信号时显示 5G 图标，或者终端在连接态成功添加 SN 后显示 5G 图标，其他场景都显示
4G 图标。第三，如终端遵守 Config. C 模式，那么在 NSA 组网中，需要锚点小区广播消
息 SIB2 携带 UpperayerIndication – r15，终端在空困态/连接态占用 4G 描点小区且测量到
NR 的信号时显示 5G 图标，或者终端在连接态成功添加 SN 后显示 5G 图标，其他场景都
显示 4G 图标。第四，如终端遵守 Config. D 模式，那么在 NSA 组网中，需要锚点小区广
播消息 SIB2 携带 UperLayerIndication – r15，只要终端在空闲态或者连接志驻留 4G 描点小
区，不管是否能测量到 NR 信号，不管是否成功进行 SN 添加，均显示 5G 图标。

ConfigD 配置方案：只要基站侧 upperlLayerIndication – r15 的指示开关为打开状态，当
NSA 终端接收到基站下发的 SIB2 中的高层指示参数，无论 SN 添加与否，均显示 5G 图
标，存在 5G 无覆盖区域只要占用锚点就显示 5G 图标即假 5G。

ConfigA 配置方案：基站侧 uperLayerIndicatio – r15 的指示开关为关闭状态，NSA 终端
具有 SN 添加成功后才会显示 5G 图标，空闲态则显示 4G 图标。

四、4G 先行之锚点优化

NSA 组网，控制面由 4G 锚点承载，NSA 终端必须占用锚点小区后，才能使用 5G 业
务，良好的覆盖是使终端能够"占的上"与"占的稳"的前提，涉及到锚点的的覆盖优
化与锚点优先驻留策略方案实施。

（一）锚点覆盖优化

对于 NSA 组网下，涉及到锚点 LTE 和 NR 两层网络优化。具体优化方法如下：锚点
LTE 覆盖优化：NSA 组网场景下，4G 网络覆盖是保证 5G 服务的前提，优先完成锚点站点
的覆盖优化，即通过 RF 优化调整，保证锚点 4G 小区覆盖良好，无弱覆盖、越区覆盖、
乒乓切换和无主导小区的情况。NR 覆盖优化：一般精品区域 NR 与锚点采用 1:1 的建设
方案，NR 的初始方位角和下倾角可与 FDD 锚点站点保持一致。在后续精品路线的精细
RF 优化中，需要注意：SSB 权值电下倾仅改变 SSB 的覆盖，对速率提升无改善，并且和
LTE 2T2R/4T4R 设备相比，5G 天线 64t64r，上行垂直波宽较大，邻区用户的信号容易落
在小区主瓣范围内，从而导致 ni 上升。所以 NR 覆盖优化，优先调整机械下倾角。下倾角
15°内，全部使用机械下倾；下倾角超过 15°，剩余用 SSB 电下倾补。选取的精品路线最好
具备充分的多径环境，如站点两边均为玻璃高楼，RF 优化过程中在保证覆盖的前提下，
尽量调整天线方位角朝建筑物打，从而增加信号的反射折射。多径产生的反射折射波能够
增加系统流数（RI 值），使得下行 4 天线接收的正交性更好，从而提升速率。

（二）锚点优先驻留策略

应用良好的覆盖是 5G 终端能够"占得上"与"占得稳"的前提，在保证覆盖的前提下，通过锚点优先驻留策略与锚点的容量优化措施保证终端"占得上"与"占得稳"，具体如下：

（1）"占得上"：通过 NSA 终端在初始接入、切换入、RRC 释放等场景触发 NSA 用户快速从非锚点网络迁移到锚点网络，语音和非语音业务门限进行差异性配置，具体如下：

非语音业务：锚点电平大于 −105dBm，切换或重选至锚点小区。

语音业务：为保证语音业务感知，非锚点小区电平低于 −100dBm、锚点小区电平大于 −95dBm 切换至锚点小区。

（2）"留得住"：依托 4/5G 移动性参数解耦和 RRC 释放消息携带的专属优先级，可保证 NSA 用户稳定驻留至锚点网络，具体如下：

非语音业务：锚点电平低于 −108dBm、非锚点电平大于 −105dBm 时切换或重选至非锚点小区；

语音业务：锚点小区电平低于 −100dBm、非锚点小区电平高于 −95dBm 切换至非锚点小区。

场景化广播波束权值设置 SSB 波束需要根据不同的场景配置不同的波束覆盖方案。不同的厂家根据不同的场景有自己的覆盖方案，在时隙配置为 2.5ms 双周期并且特殊时隙配置是 10∶2∶2 的情况下，目前推荐以下几种场景下的波束覆盖方案：（1）在宏覆盖场景下建议使用水平单层波束覆盖方案：可使用 4 波束、7 波束进行单层盖；（2）在低层楼宇场景下建议使用双层的覆盖方案，可使用 4＋3、3＋3 等方案；（3）在中层楼宇场景下建议使用双层或三层的覆盖方案，可使用 4＋3、2＋2、5＋1＋1 等方案；（4）在高层楼宇场景下建议使用四层覆盖方案，可使用 2＋2＋2＋1、1＋1＋1＋1、2＋2＋1＋2 等方案；（5）在高低层楼宇混合的场景下建议使用非均匀的两层覆盖方案，可使用 6＋1、4＋1 等方案；（6）在公路场景下建议使用单层波束覆盖方案，波束覆盖宽度窄，覆盖距离远，可使用 2~4 波束等方案：广播权值组合需要满足一定的约束条件，一般先确定水平方位角/下倾角组合，然后在允许范围内调整方位角及下倾角。

广播天线权值规划原则：目前阶段建议以 H65/N6 作为标准三扇区宏覆盖组网，其他权值为非标准三扇区组网或补盲补热场景应用。根据覆盖区域面积，区域内建筑物高度、形态、分布等选择对应的水平波瓣宽度和垂直波瓣宽度。水平 90° 系列权值为新型权值，4G 等网络未有应用，目前阶段可用于广场等覆盖宽度要求较高的区域进行试点验证。目前阶段建议使用最大 7 波束进行 5G 网络规划。

6.4　EPS FB 专题优化

5G 驻留比通常有两种定义方式，分别是时长驻留比和流量驻留比。

时长驻留比指标反映了 5G 用户占用 5G 网络的情况，体现了 5G 网络持续给 5G 用户提供服务的能力，目前通常采用连接态的时长。其定义如下：

　SA 时长驻留比 = 驻留 5G 时长／（驻留 5G 时长 + 驻留 4G 时长 – 语音回落时长）

　SA 流量驻留比指标则是反映了 5G 用户流量在 4/5G 网络上分布的比例，定义如下：SA 流量驻留比 = 5G 网络承载的流量／（5G 网络承载的流量 + 4G 网络承载的流量）。

（一）驻留比优化思路

对比法思路要实现驻留比指标提升，务必增加 5G 用户在 5G 网络驻留时长，减少在 4G 驻留时长，即需要解决 5G 网络"占得上"和"占得住"的关键问题，主要涉及网络覆盖和互操作策略，优化工作主要从这两方面展开。

（1）采用对比法对驻留比指标低的原因进行分析。分别选择驻留比高的网格与驻留比低的网格进行多维度对比分析。（2）对比维度包括网络结构、基础 KPI、互操作参数及终端大数据。1）网络结构维度包括：站点数量、站距、站型（宏站/室分）、VIP 站点数量、小区权值（方位角、下倾角、水平波宽、垂直波宽）、站点版本。2）基础 KPI 维度包括：RRC 接入类指标、保持持类指标、切换类指标、覆盖类指标（RSRP 分布/TA 分布）、干扰类指标、业务量指标（用户数流量）、感知类指标（上下行速率/上下行 MCS）、零/低流量小区数量、故障站点数量、异系统互操作比例。3）互操作参数数维度包括：5 到 4 重选/切换参数、4 到 5 重选/重定向参数、EPSFB 参数、FastReturn 参数。4）终端大数据维度包括：终端类型、终端芯片类型、终端 5G 开关状态、4 到 5 重定向用户数、SA 注册失败用户数。（3）针对覆盖问题，在 UME 网管采集小区 SB 波束 RSRP 分布指标，统计网格 RSRP < –92dBm 的小区占比。占比大于 10% 表示网格存在弱覆盖原因，影响驻留比指标，需进一步解决覆盖问题。（4）针对互操作参数，检查 4/5G 互操作参数是否已按照建议值配置，对未正确配置的参数及时进行修改。

（二）端到端的分析思路

对指标的分析过程做了逐级分解，（1）维度。分为 2 个，即终端维度和无线网络维度。（2）分析条目。这里合计 5 个分析条目，可以理解为一个闯关模式，即一个 5G 用户（已经是 5G 终端）要能够用上 5G 网络，要闯过哪几关？（3）直接度量指标。和（2）的分析条目进行匹配。不过有的条目，可能会有多个直接度量指标。另外，在这个直接度量指标下，其实还有一些"二级指标"用于分析。（4）问题原因。指的是哪些原因会导致这些度量指标差。（5）解决措施。针对（4）得出的问题原因，给出主要的解决措施。

6.4.1　SA 驻留比网优举措

弱覆盖小区 RF 优化筛选 7 天 SSB 波束 RSRP < –92dbm 的占比 >10% 的小区作为弱覆盖小区，现场勘察后制定合理 RF 调整方案并执行。方案包括：（1）天线方位角调整。剔除道路覆盖小区，确保其余小区覆盖居民区、写字楼等用户密集场所，默认方位角与同覆盖 4G 小区一致。对覆盖方向为无人区场景，需备注并与用户沟通，确定下一步调整方案。（2）多波束开启。开启 8 波束可以有效提升小区 RSRP，核查全网小区是否均已开启 8 波束，对未开启的小区及时开启。（3）下倾角调整。小区默认下倾角为 3。前期为保障集团道路测试，许多外场将非道路覆盖小区下倾角调到最大，以减少对道路干扰。当前为提升全网驻留比，需对非道路覆盖的弱覆盖小区的下倾角进行核查，下倾角超过 3°，建议调整回 3°。修改完成后需密切关注指标变化，指标恶化需及时回退。（4）水平波宽调整。核查全网非道路覆盖的弱覆盖小区 SSB 8 波束水平波宽是否配置为 10；10；10；10；10；10；10；10，如不是需确认是否个性化设置，否则按 10；10；10；10；10；10；10；10 修改，另外需避免 SSB 8 波束水平波宽不一致的配置。

高倒流小区识别通过经分平台，分别获取 5G 小区的驻留时长/流量和 4G 小区的倒流时长流量数据，使用 Mapinfo 工具将 5G 低时长/流量小区和 4G 高倒流时长/流量小区在地图上撒点，筛选出 4/5G 共站小区，进一步分析 5G 时长/流量倒流原因。或者通过 45G 共站关系对应表，直接筛选出 5G 小区对应的 4G 高倒流小区，进一步分析高倒流原因。

5G 小区功率提升目前外场 5G 设备主要有 200W 和 300W 的设备。对 5G 未满功率配置进行核查并完成满功率配置。

低流量小区处理筛选低流量小区进行处理，默认小区的流量低则时长驻留也低。筛选出天流量低于 1G 的周粒度小区明细，剔除告警/节电/参数导致的低流量小区，现场进行勘探并制定合理 RF 调整方案执行。

基线参数对齐基线参数是 5G 小区开通的基本配置参数，它是 5G 网络基本功能和 KPI 指标的基本保障。主要包括互操作参数、基线参数、SON 功能部署、外部小区参数等。核查全网小区基线参数是否正确配置，对未正确配置的及时修改。

互操作参数优化定期进行 4/5G 互操作策略核查，对未按建议值配置的参数，及时进行修改，避免站点故障和新开站点参数未对齐。

关断型节能关闭目前多数外场节能均属于开启状态，考虑到目前 5G 网络负荷较低，较容易触发节能功能，对于触发深度休眠和载波关断功能后，不可避免对 5G 覆盖产生影响，进而影响 5G 时长驻留比。

6.4.2 EPSFB 专题优化、VoNR 专题优化

一、EPS FB 专题优化

原理概述在 SA 网络部署初期，由于 VoNR 语音业务尚不具备商用条件，此时需要在 5G RAN 侧将 VoNR 业务开关关闭，当 SA 网络中发起语音业务时，通过重定向方式回落到 LTE 网络，利用 LTE 网络中的 VoLTE 完成语音呼叫过程，3GPP 协议将该过程称为 EPS Fallback。

（一）EPS FB 信令流程

UE 与 AMF 进行 IMS 信令交互，发起 VONR 业务；AMF 向 gNB 送 PduSessionModifyRequest，建立 5QI 为 1 的 QosFlow；gNB 不支持 VoNR，给 AMF 回复 PduSessionModifyResponse，携带 QosFlow 建立失败的原因为：ims - voice - eps - fallback - or - rat - fallback - triggered；如果满足基于测量的重定向条件，gNB 通过 RRCReconfiguration 消息给 UE 下发异系统测量配置；UE 生效测量配置并回复 RRCReconfigurationComplete；UE 上报 MeasurementReport 消息，携带异系统测量结果；gNB 选择合适的 4G 频点进行重定向，并在 RRCRelease 消息中通知 UE；UE 向 gNB 指定的 4G 频点发起 UE 接入，发送 RRCConnectionRequest；eNB 回复 RRCConnectionSetup，通知 UE 建立 RRC 连接；UE 回复 RRCConnectionSetupComplete。

盲重定向前台信令：

（1）主叫发送 invite 信令：主叫在 5G 侧完成默认承载建立和 IMS 注册流程，发起语音业务时向核心网发送 invite 消息，其中携带主被叫用户信息。

（2）触发 EPS Fallback 流程后，基站下发 RRC Release。

（3）终端回落 LTE 后建立 QCI＝1 专用承载。

盲重定向后台信令1，基站收到核心网下发的 PDU_SESSION RESsOURCE_MODIFY_REQUEST 消息，该消息内容为核心网向基站发起 5QI＝1 承载建立请求。

基站向核心网发送 PDU_SESSION RESOURCE_MODIFY RESPONSE 消息，该消息内容为基站拒绝建立 5QI＝1 承载，并携带原因值为 epsfallback triggered。

基站向核心网发送 UE_CONTEXT RELEASE REQUEST4、核心同下发 UE_CONTEXT_RELEASE_COMMAND5、基站向核心网发送 UECONTEXT RELEASE_COMPLETE6、基站向终端发送 RRC_REELEASE，其中携带重定向频点。

（二）EPS FB 成功率优化方法

1. 指标定义

EPS FB 呼叫成功率定义：EPF FB 接通次数/EPS FB 尝试次数＊100% EPS FB 尝试次数：5G 侧主叫 UE 发起 IMS SIP INVVITE－Request 的次数总和（mo）（避免统计重复，3S 内主叫发起多次 SIP_INVITE－＞Request 算做一次 EPS FB 呼叫）EPF FB 接通次数：4G 侧主叫收到 IMS_SIP_INVITE－＞Ringing（mo）的次数总和。

2. 问题分析排查思路和流程

对于 EPS FB 的成功率低问题分析和排查，可以按照流程，分为 5G 侧和 4G 侧两大部分。

5G 侧和 5GC 之间的交互存在问题：gNB 和 5GC 之间的信令交互如果存在问题，那么就无法启动 EPS FB 流程。即按照流程，5GC 应该是要尝试要求 gNB 建立 5QI＝1 的承载，gNB 无法建立该承载，回复 Reponse，在其中携带 cause 值为 36，拒绝了承载建立，并指示做 EPS FB。

如果 5GC 就没有发送 PDU SESSION RESOURCE MODIFY REQUEST 过来，需要 5GC 方面为主牵头来排查。

如果基站侧没有回复 PDU SEESSION RESOURCE MODIFYRESPONSE 或者回复的消息中没有携带 Cause＝36，那么需要检查一下 gNB 上是否设置为支持 VoNR。

关注终端在 5G SA 下，手机标识中是否有 "HD" 的标识，如果没有的话：说明在 IMS 上都没有注册成功。

gNB 内部的判决执行存在问题如果：gNB 和 5GC 之间的信令交互 EPS FB 流程已经在

gNB 侧启动，即和 5GC 方面的信令交互已经完成，进入到 gNB 内部的判决流程上。盲重定向这种方式下，配置和流程都是比较简单的。gNB 会给 5GC 发出上下文释放请求，5GC 回复 ReleaseCommand，然后用 gNB 完成上下文释放，同时在空口发出重定向指令。流程如下。

NG V190630	UE CONTEXT RELEASE REQUEST	send
NG V190630	UE CONTEXT RELEASE COMMAND	receive
NG V190630	UE CONTEXT RELEASE COMPLETE	send
NG V190630	RRCRelease	send

（1）如果基站本身就未发起上下文释放的请求流程。那很有可能是基站侧没有选择出有效的目标 LTE 频点。比如说异系统频点配置错误、LTE 异系统频点的 EPS FB 优先级全部为 0、终端不支持该异系统频点等等。

（2）如果基站发起了上下文释放请求流程，但是该流程未能正常完成，那么需要联合核心网一起来排查分析。

寻呼失败对 EPS FB 的影响：做 EPS FB 的测试，往往是两部 5G 手机互相拨打，那么当作被叫的手机处于 IDLE 态，就存在一个寻呼的过程。如果寻呼失败，虽然主叫侧 EPS FB 能够成功，但是端到端的通话是无法成功建立的。

导致寻呼失败的可能因素：

（1）UE 由于某些原因没有收到寻呼消息；

（2）UE 的寻呼响应没有被基站收到。

针对上述第（1）个原因，需要查看 UE 当时所处的无线环境是否太差；另外也需要联系核心网，确认当前的寻呼策略是什么；如果是按照 TAC 范围进行寻呼，那么在 TAC 边界处就有可能出现寻呼不到的情况。

针对上述第（2）个原因，可能会受到上行干扰、上行路损太大等因素影响。

（三）4G 侧

EPS FB 呼叫终端回落到 4G 后，在呼叫建立成功之前，还需要进行 4G 接入过程、TAU 流程、承载建立过程、以及 SIP 消息之间的交互过程。下面对这些流程异常的可能原因来展开说明。

1. 4G 侧接入问题

EPS FB 回落到 4G 后都会有一个随机接入过程，之后在 4G 继续进行 VoLTE 通话。采用重定向方式，UE 在 4G 侧接入时，包括随机接入过程、RRC 建立、UE 能力查询、鉴权加密、DRB（QCI9/QCI5）承载的建立流程。接入流程中各个环节出问题都可能导致 EPS FB 呼叫建立失败。

5G 侧的语音和数据业务都是 PS 域业务，所以从 5G EPS FB 回落到 4G 必然做一次 TAU 更新流程。目前外场测试发现 TAU 失败的主要原因如下：

（1）5GC 版本问题导致 TAC 回落 LTE 后 TAU reject，需要对版本升级。

（2）主叫回落 LTE 1850MHz 后，由于弱覆盖 SINR 很差，UE 多次发起 L－＞TAURequest 请求，但是没有收到 L－＞TAU Accept，由于无法完成 TAU 过程导致呼叫失败。

承载建立失败 EPS FB 回落 4G 之后，需要建立默认承载和 VoLTE 专有承载的流程。当仅有语音通话时，仅需要建立 QCI1 专用承载，当视频通话时，需要建立 QCI1 和 QCI2 两条专用承载。引起承载建立失败的原因有如下几方面：

（1）切换流程与建 QCI1I2 专载流程冲突：在专载建立过程中如果发生切换会发生流程冲突，导致专载 QCI1I2 专载建立失败。将"呼叫过程中切换延迟定时器 wHoDelayTimer"设置为 100ms，当语音业务和切换同时到来，处理完语音业务后延迟相应的时间再处理切换。

（2）SBC 配置的"等待位置信息上报时长"设置过小导致承载建立超时。EPS FB 承载建立请求和承载建立完成包含了 5G 专用承载拒绝的时延、回落 4G 的时延、4G TAU 的时间，以及在 4G 侧专载建立 4 个阶段的时延。所以 EPS FB 专载建立触发到建立完成时间较长，"等待位置信息上报时长"建议设置为 6s 以上。

（3）4G 还有一些无线空口原因会导致承载建立失败，比如无线环境原因导致空口失败，或者安全激活失败等因素，可结合网管指标统计来分析。

（4）4G 侧参数配置导致 VoLTE 专载建立失败。可参考下表 6－4－1 说明。

表 6－4－1 参数配置说明

所属参数表	FIELD_ NAME_ EN	参数中文名	参数默认值	参数建议值	参数说明
EUtranCe 11Measurement	voiceAdmtSwch	基于业务类型切换的语音接纳开关	关闭（0）	1	此参数为 QCI1 和 QCI2 的承载接纳开关，且仅在基于业务的切换功能使能的条件下生效
EUtranCellFDD	voLTESwch	VoLTE 接纳开关	打开（1）	1	此参数为 QCI1 和 QCI2 的承载接纳开关，且仅在基于业务的切换功能不使能的条件下生效
GobleSwitchIn-formation	erabSwitch	单 UE 支持 8 个并发业务开关	打开（1）	1	此参数为单 UE 支持 8 个并发业务开关

SIP 流程交互异常：在 4G 侧建立完承载后，在通话建立成功之前还有 SIP 消息的交互过程，包括 prack 协商，update 资源预留以及振铃，sip 流程交互是终端和 IMS 核心网之间的交互行为，LTE 基站和 EPC 核心网之间只进行透传。

导致 SIP 消息交互异常可能有如下原因：

（1）无线环境问题导致 SIP 消息调度异常，或者基站传输丢包或者误码导致 sip 消息丢失。

（2）终端或者核心网 IMS 问题导致 SIP 消息交互异常。

（3）终端彩铃平台放音失败导致彩铃平台没有转发 180ringing 消息，需要分析放音失败原因。

（4）V2V 呼叫流程时间过长，在 cs retry 定时器超时前核心网没有收到被叫的 180ringing 消息，核心网给 SBC 发送 CANCEL 消息取消 IMS 域内寻呼，进行 CS Retry 流程。造成呼叫时延过长的原因较多，比如在 5G 侧发起多次寻呼，EPS FB 回落时间长、4G 侧发生多次重建或者切换等流程导致 SIP 交互时间长等等。

2. EPS FB 呼叫时延优化方法

呼叫时延是指从主叫发送 invite 到收到 180ringing 之间的时延，可按照如图 6-4-1 所示流程对呼叫时延进行分段。

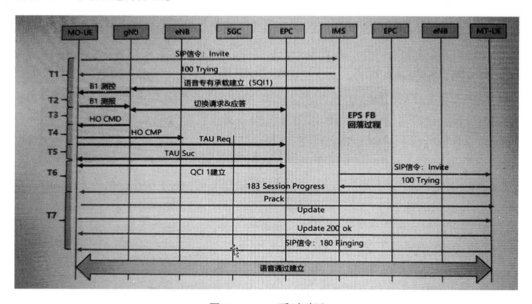

图 6-4-1 呼叫时延

分段统计 EPS FB 时延：利用鼎力或 spark 工具可以对 EPS FB 拉网的每次通话时延进行分段统计，针对时延大的话单可以清晰分辨出现问题的节点，针对问题节点进行重点排查。

表 6 -4 -2

回落方式	第 1 段	第 2 段	第 3 段	第 4 段	第 5 段	第 6 段	第 7 段
基于切换	Invite - > 测控重配	测控重配 - > MR 上报	MR 上报 - >切换命令	切换命令 - > TAU Request	TAU Request - > TAU Complete	TAU Complete - > 183 消息	183 消息 - > 180ringing
基于盲重定向	Invite - > RRC Release	RRC Release - > TAU Request	TAU Request - > TAU Complete	TAU Complete - > 183 消息	183 消息 - >180ringing		

二、VoNR 专题优化

(一) VoNR 原理概述

VoNR (Voice over NR) 是 NR 同络中语音业务的解决方案, 是一种建立在 IP 网络之上的 UE 和 IMS 之间的语音会话, 主叫和被叫可以利用该技术在 NR 分组域网络上实现语音业务。其核心业务控制网络为 IMS 网络, 配合 NR – RAN 及 5GC, 从而实现端到端的基于分组域的语音及视频通信业务。NR 网络参照服务类型、时延和丢包率等标准, 将具有不同特征的业务划分成不同的 QCI (Qos Clas Identifier), 与 VoNR 业务直接相关的承载包括 5QI1、5QI2 和 5QI5, 其中 5QI1 承载语音, 5QI2 承载视频, 5QI5 承载用于建立 VoNR 的 SIP (Session Initiation Protocol) 信令。VoNR 作为 5G 语音解决方案, 相对于 4G 语音解决方案 VoLTE 有以下特点:

(1) 空口由 NR 基站承载语音业务, 完全的 5G 语音方案;

(2) 新的语音编码方案: EVS (Enhanced Voice Service), 扩展音频带宽: 50Hz – 16kHz, 支持人类听觉的全带宽, 高娱乐品质的音乐编码, 网络部署初期, 传统 4G 终端较多, EVS 采用 AMR 兼容模式, 网络成熟期 5G 终端渗透率提高后, 5G 终端之间采用 EVS 提升语音质量;

(3) 3GPP R16 制定 IVAS (Immersive Voice and audio Services) 语音编码标准, 支持更好的抗丢包能力。

(二) VoNR 基本信令流程图

VoNR 信令流程步骤 1 如下:

步骤 1: 拔打 VoNR 呼叫时, 终端如果处于 Idle 态, 则需要启动 Service Request 过程, 恢复建立 UE 到 UPF 的端到端的信令连接和用户面承载。

UE 向 gNB 发送 RRCConnectionRequest 消息、请求建立 RRC 连接。

gNB 向 UE 发送 RRCConnectionSetup 消息、开始建立 RRC 连接。

UE 向 gNB 发送 RRCConnectionsnSetupComplete 消息，其中携带了 UE 发送给 AMF 的 NAS 屋 Service Request 消息。

gNB 向 AMF 发送 AS 层 Initial UE 消息，请求为用户建立 N2 接口连接，该消息中携带了 1.2 中 UE 发送给 AMF 的 NAS 层 Service Request 消息。

AMF 调用 SMF 的 Nsmf PDUSession UpdateSMContext service operation，请求 SMF 激活 PDU Session 的用户面资源，SMF 的响应消息中包含了 UPF 的 N3 接口隧道资源信息。

AMF 向 gNB 发送 INITIAL CONTEXT SETUP REQUEST 消息、共中包含 UPF 的 N3 接口隧道资源信息。

gNB 与 UE 之间进行安全流程，并且为 UE 分配空口资源，然后向 AMF 返回 INITIAL CONTEXTSETUP RESPONSE 消息，该消息中包括 gNB 为各 PDU Session 分配的 N3 接口隧道资源信息。

AMF 调用 SMF 的 Nsmf PDUSession_ UpdateSMContext service operation，请求 SMF 向 UPF 更新 gNB 分配的 N3 接口隧道资源信息。

SMF 向 UPF 发送 N4 Session Modification Request 消息、请求更新 gNB 分配的 N3 接口隧道资源信息。UPF 更新成功过后向 SMF 返回响应消息。

步骤 2：终端发起呼叫，发送 SIP INVITE 消息到 P – CSCF，P – CSCF 收到 SIP 消息后，向 PCF 触发资源预留流程。P – CSCF 发送 AAR 请求，请求建立语音专有承载，并要求获取用户位置信息。

步骤 3：PCF 和 SMF/AMF 交互完成语音专有承载建立及用户位置上报：

PCF 通道 Npcf SMPolicyControl UpdateNotify 服务通知 SMF 为用户建立 5QI = 1 的语音专有 QoS Flow。

SMF 调用 AMF 的 Namf Communication_ N1N2MessageTransfer 服秀，携带 N2 SM information 和 N1 SM information，N2 SM information 包括 QoS profile、session – AMBR 等信息，N1 SM information 为 PDU Session Modification Command，包括 QoS rule、session – AMBR 等信息。

AMF 向 gNB 发送 PDU Session Resource Modify Request 消息、建立无线资源。

gNB 向 UE 发送 PDU Session Modification Command. 和 UE 建立无线资源。

UE 建立语音专有 QoS Flow，返回 PDU Session Modification Command ACK。

gNB 在完成无线资源建立后返回响应消息和用户当前位置信息。

AMF 调用 SMF 的 Nsmf_ PDUSession_ UpdateSMContext 服务，向 SMF 返回收到的 N2PDU Session Resource Modification Response、PDU Session Modification Command ACK 和用户位置信息。

SMF 向 UPF 发送 N4 Session Modification Request 消息，请求 UPF 建立语音专有 QoS Flow 相关资源。UPF 返回 N4 Session Modification RResponse 消息。

SMF 调用 PCF 的 Npcf_ SMPolicyConfrol_ update 服务，向 PCF 发送用户当前位置

信息。

步骤4：PCF 发送 RAR 消息上报用户位置信息，P - CSCF 返回响应消息 RAA。P - CSCF 收到 RAR 后，根据 3gppUserLocationinfo AVP，提取用户的 5G 位置信息，更新到 IN-VITE 消息的 PANI 头域中。

步骤5：P - CSCF 继续呼叫建立流程，发送 INVITE 消息给 S - CSCF。S - CSCF 触发响应的 MMTelAS 以及其他主叫 AS 后，继续后续流程，接续到被叫网络，完成后续呼叫的接听和释放。

VoNR 移动性管理对于 VoNR 语音业务，由于用户的敏感度很高，需要特别考虑 VoNR 业务的连续性，对 VoNR 移动性管理来说，需要通过同频/异频的切换以及向 VoLTE 的异系统切换来保证业务的连续性。具体的有如下策略：

提供同频、异频和异系统测量配置策略，以匹配版本能力以及运营商对 VoNR 的部署要求；支持语音和数据分开配置 A1/A2 门限；支持语音和数据分开配置切换事件的切换门限。

在 V3.1 版本支持基于邻区 VoNR 能力的系统内切换，只有当邻区支持 VoNR 能力时才会发起系统内切换。

当终端在 VoNR 语音业务过程中触发异系统测量并且有异系统 MR 上报时，基站指示终端发起 5 - 4 切换，语音业务从 VoNR 切换至 VoLTE 保证业务连续性，数据业务和语音业务 5 - 4 切换的相关事件和门限可以分开配置。

VoNR 系统内切换在系统内移动性管理过程中，针对 VoNR 业务的 A1/A2 门限以及 A3/A4/A5 事件和相关门限可以与数据业务策略保持一致，也可以独立配置。

VoNR 向 VoLTE 的异系统切换在 5G 网络建设的初期/中期，由于 5G 网络覆盖不完善，当终端在 VoNR 业务过程移动到 5G 覆盖边缘时，需要将语音业务切换至 4G 网络，通过 VoLTE 保持语音业务连续性。VoNR 向 VoLTE 切换可以配置与数据业务相同的 A1、A2、B1/B2 配置，也可以根据语音业务特性配置独立的移动性策略。

6.5 高铁、高速等专项优化

6.5.1 高铁性能标准、组网及容量标准

一、优化标准

由于当前 5G 高铁为 NSA 组网，LTE 网络质量很大程度上直接关系着 5G 网络质量，因为 LTE 网络优化是很关键的环节。在进行 5G 网络优化前，须先保证 4G 网络质量。在此基础上保障 5G 高铁场景下用户感知，包括高铁线路覆盖站间距、覆盖基本要求、上传、下载以及后台指标等的基本要求。同时，由于 NSA 组网下的语音是由 VOLTE 来承载，VOLTE 优化质量也需要保证。相关指标达成分别如图 6 - 5 - 1、图 6 - 5 - 2 所示，供现场参考执行（注：本文主要涉及 5G 内容指标达成，针对 4G 的优化内容请参考高铁 4G 相关

内容）。

用户感知	测评指标	基准值	建议值
占得上	5G网络测试覆盖率（5G采样点,RSRP>=-110dBM&STNR>=-3dB(%)	95%	96%
	5G网络测试覆盖率（所有采样点，RSRP>=-110dBM&STNR>=-3dB(%)	95%	96%
	LTE锚点覆盖率RSRP>=-110dBM&STNR>=-3dB(%)	95%	96%
	SgNB添加成功率(%)	95%	96%
驻留稳	5G时长驻留比(%)	95%	96%
	NR掉线率(%)	5%	1%
	NSA切换成功率（%)	95%	96%
	NSA切换控制面时延(ms)	20	20
体验优	用户路测上行平均吞吐率(Mbps)(100M带宽)	15	15
	用户路测下行平均吞吐率(Mbps)(101M带宽)	300	300

图 6 – 5 – 1 高铁指标优化标准（5G）

后台关键KPI	基准值	建议值
无线接通率（%）	98%	98%
无线掉线率（%）	0.25%	0.10%
无线切换成功率（%）	97%	98%
VoL TE业务接通率（%）	98%	99%
VoL TE业务掉话率（%）	0.20%	0.30%
VoL TE业务切换成功率（%）	97%	98%
VoL TE业务eSRVCC成功率（%）	90%	92%

图 6 – 5 – 2 高铁 VoLTE 优化标准（4G）

二、容量及扩容标准

当前 5G 高铁为 NSA 场景，如果 4G 负荷过高，势必影响 5G 指标，如 LTE 高负荷时会影响到切换成功率。高铁属于多用户场景，高铁来车时用户数瞬时冲高是对高铁小区资源负荷的主要影响。针对 LTE 系统，容量及扩容标准基于两个指标：RRC 连接建立最大用户数及 PRB 利用率进行评估，按照如标准在 7d 内至少 4d 的自忙时达到扩容门限，判断为有必要缓解负荷压力，对于高铁这种瞬时话务冲高的场景，则扩容指标建议按照照最小 15min 粒度进行统计和评估。表 6 – 5 – 1 所示为 LTE 系统容量及扩容标准。

表 6 – 5 – 1 LTE 系统容量及扩容标准

频段	小区 PRB 利用率	RRC 连接用户数	
800MHz		> = 75	
1.8（15MHz）	> = 50%	> = 225	
1.8/2.1（20MHz）		> = 300	

6.5.2 高铁专项规划要点

多普勒频移对距离的影响：列车距离铁塔 100m 以内时，铁塔与铁轨的距离对频移影响明显。郊区铁路沿线地貌空旷时，站点距铁路线垂直距离可大些；城区民宅或厂房等较多，距离则应小些。

掠射角和车体穿透损耗之间的关系不根据测试统计数据，不同的入射角对应的穿透损耗不同，高铁列车车厢穿透损耗和掠射角的关系为：随着掠射角的减小，列车车体穿透损耗增加，当信号垂直入射时的穿透损耗最小，入射角越小穿透损耗越大。当掠射角在 10° 内，列车穿透损耗增加幅度明显变快。所以在网络规划时，建议实际的掠射角应大于 10°。如果铁塔距离铁轨距离过近，将造成掠射角过小。合理站轨距范围需要综合考虑掠射角要求和最佳的覆盖性能要求，尽量减少工程成本并提升网络性能。

站轨距（D）= SQRT（$R_2 - h_2$）× Sin（θ）（$10° < \theta < 90°$）

6.5.3 高速优化

一、概述

中国高速公路总长度全球第一，截至 2018 年 12 月 28 日，中国高速公路总里程已达 14 万千米。多普勒频移说明 5G NSA 网络高速移动场景，终端在移动时，由于多普勒效应的存在，物理信号在传输过程中会产生一定的频率偏移（即发射信号与接收信号之间的频率偏移），频偏大小与频点、移动速度有关，即 $\Delta f = f \times \dfrac{v}{c} \times \cos\theta$，其中：

c 是基站和终端之间的无线电波传播速度，即光速；

v 是终端移动的速度；

θ 是无线电波传播方向与终端移动方向的夹角；

f 是无线信号的频点（即发射信号），Δf 是多普勒效应所产生的频率偏移。多普勒效应导致信道的时域相关性下降，即对于上下行业务信道（PUSCH、PDSCH）如果 DMRS 配置的时域密度不够（默认配置一个 DMRS 符号），信号接收端无法准确估计出信道响应的变化，导致业务数据传输性能下降。对于子载波间隔较小的 PRACH 信号，多普勒频移效应影响了 PRACH 信号在 Preamble 码域的能量分布，表现为前导检测主窗口能量下降以及其他检测窗口的能量抬升，因此需要限制集予以保护，否则影响终端的随机接入成功率。同时，由于终端中、高速移动，基站覆盖范围有限，为了解决终端不停地进行小区间切换的问题，将多个基站下的多个传统小区组合成一个超级小区（supercell），增加单个小区的覆盖半径，减少终端的频繁切换，保证通信的可靠性。

二、中高速典型场景分析高速场景

对终端移动速度不超过 120km/h 场景，分为城区高速、郊区高速、隧道高速、桥梁高速 4 类场景进行规划说明。

城区高速城区内的高速覆盖，既可能直接利用原先站址，也存在新加路边杆站的情况，实际天线挂高从 8～25m 不等，既可以采用公网 64TR 设备，也可采用专网 8TR 设备。

密集城区高速公路两侧在 4G 时代已有站址，需要同时兼顾高速公路和居民区覆盖，因此在新建 5G 网络时，优先采用如下思路：公网三扇区，利用原站址，补充杆站 64TR 各种上/下行边缘速率站间距（25m 挂高）

郊区高速郊区内的高速覆盖，相较于城区，更多会考虑利用原有 4G 站点，同时站间距也会比较大，周围区域内的价值用户集中在高速公路上。郊区高速由于地理位置的原因，往往处于无人区的位置，高价值用户几乎全部集中在高速公路上。

高速隧道覆盖，一般可以采用漏缆覆盖方案，但更建议采用贴壁天线方案，实测时可以达到更好的上下行速率体验，RRU 安装在每隔固定距离的洞室内。隧道场景内一般都有 RRU 洞室，无线设备安装在洞室内，通过漏缆或者贴壁天线的方式进行洞室内的网络覆盖，但对于较短的隧道，思路如下：短隧道，专用两扇区，两端 AAU 对打隧道场景内一般都有 RRU 洞室，无线设备安装在洞室内，通过漏缆或者贴壁天线的方式进行洞室内的网络覆盖。

两端利旧原杆站，64TR 设备挂高 8m，中间部署 8TR 及贴壁天线/漏缆。（1）漏缆铺设方案：5G 漏缆＋5G RRU＋4G RRU 安装在隧道内 250m 处 POI 点位，漏缆全长 400m，信源从 POI 点位接入，4G 信源馈入隧道内原 4G 漏缆；（2）贴壁天线方案：5G 贴壁天线、5G RRU、4G RRU 安装在隧道内 250m 处 POI 点位，4G 信源馈入隧道内原 4G 漏缆。

高速桥梁上的高速覆盖，由于一般地势较为险要，除桥梁两端外，基本不具备作为 4G 站址的能力。在桥梁的中间段，一般都是采用 8m 高的路边杆安装 5G 设备进行网络覆盖。桥梁高速由于地形的原因，往往只能通过桥梁杆站解决站址问题，但是在桥梁两端有条件的可以采用铁塔宏站往路面进行覆盖，思路如下：专网两扇区，两端铁塔站，中间杆站。

利用两端铁塔站，采用 64TR 设备挂高 25m 覆盖更远，减少杆站数量。

高速桥梁由于地形的原因，往往只能通过桥梁杆站解决站址问题，但是在桥梁两端有条件的可以采用铁塔宏站往路面进行覆盖，思路如下：

中间补充杆站，设备挂高 8m，可根据覆盖指标灵活选择设备类型。

三、高速性能标准及容量标准

高速无线指标标准。高速业务指标标准针对不同高速场景中业务类型，对于上下行的速率要求也不一样，根据不同业务类型进行分类说明。

上行速率：

（1）对于一般高速覆盖，上行至少满足 720p 视频通话连续覆盖，即 >2Mbps；

（2）对于精品高速覆盖，上行至少满足 1080p 视频通话连续覆盖，即 >5Mbps；

下行速率：

（3）对于一般高速覆盖，下行至少满足 100Mbps 要求；对于精品高速覆盖，下行至少满足 200Mbps 要求。

四、高速场景基础优化

覆盖优化整体原则为：通过方位角优化调整尽可能保证天馈的主瓣方向覆盖道路，避免旁瓣覆盖道路，道路覆盖无邻区漏配，无回切、无乒乓切换、无重叠覆盖度高。

SRS BF 优化基于 SRS 的波束赋形又称空分复用模式。利用 TDD 系统的互易性，基站通过由上行 SRS 计算估计出的信道 H 来计算波束赋形的权值。目前 NR 终端是 2T4R，总的天线数目是 4，但是 SRS 一次性只能并发 2 端口，轮发两次才能发完 4 端口。下行调度 4 流的话，根据轮发两次的 SRS 还是能够获得信道的空间信息的。内环 SINR：基站接收 CSI report（包括 CQI，RI，PMI）和 SRS，根据内环 AMC 算法计算得到。外环 SINR：基站接收 RI 和 ACK/NACK，通过下行外环算法，计算当前下行 BLER，并根据 BLER 计算外环信噪比。下行 AMC 映射包括根据内外环 Sinr，根据映射算法，计算调度 MCS。图 6-5-1 基于 SRS 的波束赋形。

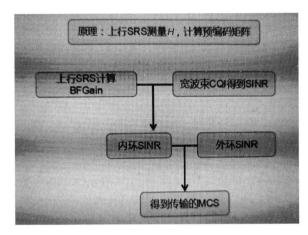

图 6-5-1　基于 SRS 的波束赋形

6.6　基站节能技术及方法

6.6.1　基站节能技术概述

基站功耗的主要部分是 AAU 的功率消耗。因此，提升 AAU 的功放效率，通过各种技术降低 AAU 的功耗，是基站节能技术的重点。

符号关断：节能 NR 系统在实际通信过程中，基站部署任何时候都处于最大流量的状态，所以对于子帧中的符号，不是任何时刻都填满了有效信息。基站在"没有数据发送"的符号周期时刻关闭 PA 电源开关，在"有数据发送"的符号周期时刻打开 PA 电源开关，可以在保证业务不受影响的情况下降低系统功耗。这种节能方式称之为符号关断节能。由于符号关断节能利用了 DTX 技术，这种节能方式也被称为 DTX 节能。

通道关断节能 NR 系统中，当小区负荷较轻时，根据小区的负荷水平，关闭部分发射/接收通道，以降低设备能耗。这种节能方式称之为通道关断节能。

载波关断节能在 NR 多层覆盖场景下，容量层小区提供热点覆盖，基础覆盖层小区提供连续覆盖。根据容量层小区和基础覆盖层小区负荷变化，当容量层小区负荷较低时，将

UE 迁移至基础覆盖层小区、关断容量层小区，以达到节能的效果，当基础覆盖层小区负荷升高时，唤醒容量层小区。这种节能方式称之为载波关断节能。

深度休眠节能为了达到极致的节能效果，考虑在话务闲时，关闭尽量多的 AAU/RRU 硬件以降低能耗。配置基站深度休眠的定时策略，当休眠时间点到达时，指示 AAU/RRU 进入深度休眠，节能时间结束时，退出基站休眠模式。

6.6.2 通用原理描述

一、符号关断节能

5GNR 低频系统中，一个无线帧为 10ms，每个无线帧由 10 个无线子帧构成，每个无线子帧由 2 个时隙构成，每个无线子帧为 1ms，每个时隙为 0.5ms，每个时隙在 normal CP 情况下，由 14 个符号构成。在实际通信过程中，基站不是任何时候都处于最大流量的状态，所以对于子帧中的符号，不是任何时刻都填满了有效信息。符号关断节能在没有功率的符号周期时刻关闭 PA 电源开关，从而达到节能的目的。在有功率的符号周期时刻打开 PA 电源开关，保证正常业务不受影响。未开启符号关断节能时，每个符号周期时刻 PA 电源均为打开，开启符号关断功能时，没有功率的符号周期 PA 电源为关闭状态。

二、通道关断节能

NR 低频小区天线数是 AntNum，当满足设定的通道关断条件时，可关闭 ChoffNum 个通道，对应的关闭通道数量占总天线数量的比例为 ChoffProp。小区的上行和下行通道关断是独立配置的，有通道关断模式来控制。那么支持两种关断模式：只关闭下行发射通道；上下行通道同时关闭。针对 AntNum = 64 的机型，通道关断的粒度设置为 16，即支持关闭 16、32、48 个发射或接收通道。对于 AntNum = 64 的 NR 小区，目前系统中硬件和天线的映射关系如下：

（1）TRX SOC 与天线映射关系：4 个天线映射到一个芯片。

（2）中频 FPGA 与天线映射关系：8 个天线映射到一个中频 FPGA。

（3）PA 模块与天线映射关系：每个天线映射到一个 PA 模块。

三、载波关断节能

在 5G NR 多制式多层覆盖的场景下，容量层小区提供热点覆盖，基础覆盖层小区提供连续覆盖。当容量层小区负荷较低时，将 UE 迁移至基础覆盖层小区、关断容量层小区，以达到节能的效果；当基础覆盖层小区负荷升高时，唤醒容量层小区。这种根据容量层小区和基础覆盖层小区负荷变化触发的节能方式称之为载波关断节能。载波关断节能按覆盖关系可以分为两种场景：NR 小区覆盖 NR 小区场景和 LTE 小区覆盖 NR 小区场景。NR 小区覆盖 NR 小区场景，图 6 - 6 - 1 所示。

NR Cell A 为容量层小区，NR Cell B 为基础覆盖层小区，当 Cell A 负荷较低时，将 UE 迁移至 Cell B、关断 Cell A，Cell A 节能；当 Cell B 负荷升高时，唤醒 Cell A。图 6 - 6 - 2 所示为 LTE 小区覆盖 NR 小区场景。

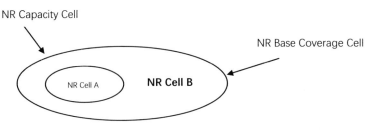

图6-6-1　NR小区覆盖NR小区场景

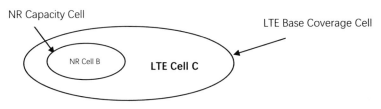

图6-6-2　LTE小区覆盖NR小区场景

符号关断节能符号：关断节能是一种自适应的节能方式，低话务时段节能效果更好。

智能符号关断是BBU控制基带调度，进行用户汇聚，通知RRU启动时隙节能的方式，是一种慢速过程。随着实时业务的发展，尤其是VOLTE的商用，对数据调度的时延要求越来越高，自检方式：智能符号关断节电效果会进一步受限。自检方式符号关断是一种对网络KPI无影响的一种节电方式，当某个符号上无数据调度则关闭符号，如果有数据调度时则打开符号，能够更好地满足实时性，同时由于没有对用户调度产生影响，仅是RRU根据是否有信号发送，判断是否可以关闭PA，节省静态功耗，不会对网络KPI产生影响，达到节能效果。2、4&5G混模符号关断对于4&5G混合组网场景，AAU可以同时配置LTE小区和NR小区。AAU为了达到节能效果，需要在LTE小区和NR小区都打开符号关断功能，对于AAU而言，如果LTE小区和NR小区同时在同一个子帧上无调度，则AAU可以关闭该子帧PA，达到节能效果。4G载波和5G载波都开启符号关断功能时，AAU上符号关断节能效果更好。

通道关断节能：在小区无线负荷较轻时，关闭部分发射/接收通道，来降低设备的能耗。在4/5G混模共AAU的场景下，4G和5G的载波都进入通道关断时，AAU才能对通道进行关断节能，4G只能关闭下行，所有4/5G混模只能配置关闭下行方式，同时要求关断档位相同，否则无法进行通道关断。

载波关断节能在低话务时，关断载波，来降低设备能耗。

深度休眠节能在低话务时段，AAU/RRU关闭PA和部分硬件，来降低设备能耗。在4/5G混模共AAU场景下，当4G载波和5G载波都进入深度休眠时，AAU才能进入深度休眠。

7 数字化应用

7.1 数据通信基础知识

7.1.1 TCPIP 概述

TCP/IP 传输协议，即传输控制/网络协议，也叫作网络通信协议。它是在网络使用中的最基本的通信协议。TCP/IP 传输协议对互联网中各部分进行通信的标准和方法进行了规定。并且，TCP/IP 传输协议是保证网络数据信息及时、完整传输的两个重要的协议。TCP/IP 传输协议严格来说是一个四层的体系结构，应用层、传输层、网络层和数据链路层都包含其中。

TCP/IP 协议是 Internet 最基本的协议，其中应用层的主要协议有 Telnet、FTP、SMTP 等，是用来接收来自传输层的数据或者按不同应用要求与方式将数据传输至传输层；传输层的主要协议有 UDP、TCP，是使用者使用平台和计算机信息网内部数据结合的通道，可以实现数据传输与数据共享；网络层的主要协议有 ICMP、IP、IGMP，主要负责网络中数据包的传送等；而网络访问层，也叫网路接口层或数据链路层，主要协议有 ARP、RARP，主要功能是提供链路管理错误检测、对不同通信媒介有关信息细节问题进行有效处理等。

7.1.2 TCP/IP 协议的组成

TCP/IP 协议在一定程度上参考了 OSI 的体系结构。OSI 模型共有七层，从下到上分别是物理层、数据链路层、网络层、运输层、会话层、表示层和应用层。但是这显然是有些复杂的，所以在 TCP/IP 协议中，它们被简化为了四个层次。

（1）应用层、表示层、会话层三个层次提供的服务相差不是很大，所以在 TCP/IP 协议中，它们被合并为应用层一个层次。

（2）由于运输层和网络层在网络协议中的地位十分重要，所以在 TCP/IP 协议中它们被作为独立的两个层次。

（3）因为数据链路层和物理层的内容相差不多，所以在 TCP/IP 协议中它们被归并在网络接口层一个层次里。只有四层体系结构的 TCP/IP 协议，与有七层体系结构的 OSI 相比要简单了不少，也正是这样，TCP/IP 协议在实际的应用中效率更高，成本更低。

下面分别介绍 TCP/IP 协议中的四个层次。

应用层：应用层是 TCP/IP 协议的第一层，是直接为应用进程提供服务的。

（1）对不同种类的应用程序它们会根据自己的需要来使用应用层的不同协议，邮件传输应用使用了 SMTP 协议、万维网应用使用了 HTTP 协议、远程登录服务应用使用了有 TELNET 协议。

（2）应用层还能加密、解密、格式化数据。

（3）应用层可以建立或解除与其他节点的联系，这样可以充分节省网络资源。

运输层：作为 TCP/IP 协议的第二层，运输层在整个 TCP/IP 协议中起到了中流砥柱的作用。且在运输层中，TCP 和 UDP 也同样起到了中流砥柱的作用。

网络层：网络层在 TCP/IP 协议中位于第三层。在 TCP/IP 协议中网络层可以进行网络连接的建立和终止以及 IP 地址的寻找等功能。

网络接口层：在 TCP/IP 协议中，网络接口层位于第四层。由于网络接口层兼并了物理层和数据链路层所以，网络接口层既是传输数据的物理媒介，也可以为网络层提供一条准确无误的线路，如图 7 - 1 - 1 所示。

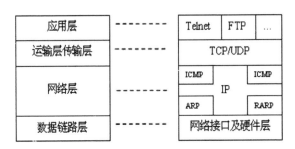

图 7 - 1 - 1　网络接口层

7.1.3　通信过程及相关协议

在网络通信的过程中，将发出数据的主机称为源主机，接收数据的主机称为目的主机。当源主机发出数据时，数据在源主机中从上层向下层传送。源主机中的应用进程先将数据交给应用层，应用层加上必要的控制信息就成了报文流，向下传给传输层。传输层将收到的数据单元加上本层的控制信息，形成报文段、数据报，再交给网际层。网际层加上本层的控制信息，形成 IP 数据报，传给网络接口层。网络接口层将网际层交下来的 IP 数据报组装成帧，并以比特流的形式传给网络硬件（即物理层），数据就离开源主机。

一、链路层

以太网协议规定，接入网络的设备都必须安装网络适配器，即网卡，数据包必须从一块网卡传送到另一块网卡。而网卡地址就是数据包的发送地址和接收地址，有了 MAC 地址以后，以太网采用广播形式，把数据包发给该子网内所有主机，子网内每台主机在接收到这个包以后，都会读取首部里的目标 MAC 地址，然后和自己的 MAC 地址进行对比，如果相同就做下一步处理，如果不同，就丢弃这个包。

所以链路层的主要工作就是对电信号进行分组并形成具有特定意义的数据帧，然后以广播的形式通过物理介质发送给接收方。

二、网络层

（一）IP 协议

网络层引入了 IP 协议，制定了一套新地址，使得我们能够区分两台主机是否同属一个网络，这套地址就是网络地址，也就是所谓的 IP 地址。IP 协议将这个 32 位的地址分为两部分，前面部分代表网络地址，后面部分表示该主机在局域网中的地址。如果两个 IP 地址在同一个子网内，则网络地址一定相同。为了判断 IP 地址中的网络地址，IP 协议还引入了子网掩码，IP 地址和子网掩码通过按位与运算后就可以得到网络地址。

（二）ARP 协议

即地址解析协议，是根据 IP 地址获取 MAC 地址的一个网络层协议。其工作原理如下：ARP 首先会发起一个请求数据包，数据包的首部包含了目标主机的 IP 地址，然后这个数据包会在链路层进行再次包装，生成以太网数据包，最终由以太网广播给子网内的所有主机，每一台主机都会接收到这个数据包，并取出标头里的 IP 地址，然后和自己的 IP 地址进行比较，如果相同就返回自己的 MAC 地址，如果不同就丢弃该数据包。ARP 接收返回消息，以此确定目标机的 MAC 地址；与此同时，ARP 还会将返回的 MAC 地址与对应的 IP 地址存入本机 ARP 缓存中并保留一定时间，下次请求时直接查询 ARP 缓存以节约资源。

（三）路由协议

首先通过 IP 协议来判断两台主机是否在同一个子网中，如果在同一个子网，就通过 ARP 协议查询对应的 MAC 地址，然后以广播的形式向该子网内的主机发送数据包；如果不在同一个子网，以太网会将该数据包转发给本子网的网关进行路由。网关是互联网上子网与子网之间的桥梁，所以网关会进行多次转发，最终将该数据包转发到目标 IP 所在的子网中，然后再通过 ARP 获取目标机 MAC，最终也是通过广播形式将数据包发送给接收方。而完成这个路由协议的物理设备就是路由器，路由器扮演着交通枢纽的角色，它会根据信道情况，选择并设定路由，以最佳路径来转发数据包。

所以，网络层的主要工作是定义网络地址、区分网段、子网内 MAC 寻址、对于不同子网的数据包进行路由。

三、传输层

链路层定义了主机的身份，即 MAC 地址，而网络层定义了 IP 地址，明确了主机所在的网段，有了这两个地址，数据包就可以从一个主机发送到另一个主机。但实际上数据包是从一个主机的某个应用程序发出，然后由对方主机的应用程序接收。而每台电脑都有可能同时运行着很多个应用程序，所以当数据包被发送到主机上以后，无法确定哪个应用程序要接收这个包。因此传输层引入了 UDP 协议给每个应用程序标识身份。

（一）UDP 协议

UDP 协议定义了端口，同一个主机上的每个应用程序都需要指定唯一的端口号，并且规定网络中传输的数据包必须加上端口信息，当数据包到达主机以后，就可以根据端口号找到对应的应用程序了。UDP 协议比较简单，实现容易，但它没有确认机制，数据包一旦发出，无法知道对方是否收到，因此可靠性较差，为了解决这个问题，提高网络可靠性，TCP 协议就诞生了。

（二）TCP 协议

TCP 即传输控制协议，是一种面向连接的、可靠的、基于字节流的通信协议。简单来说 TCP 就是有确认机制的 UDP 协议，每发出一个数据包都要求确认，如果有一个数据包丢失，就收不到确认，发送方就必须重发这个数据包。为了保证传输的可靠性，TCP 协议在 UDP 基础之上建立了三次对话的确认机制，即在正式收发数据前，必须和对方建立可靠的连接。TCP 数据包和 UDP 一样，都是由首部和数据两部分组成，唯一不同的是，TCP 数据包没有长度限制，理论上可以无限长，但是为了保证网络的效率，通常 TCP 数据包的长度不会超过 IP 数据包的长度，以确保单个 TCP 数据包不必再分割。传输层的主要工作是定义端口，标识应用程序身份，实现端口到端口的通信，TCP 协议可以保证数据传输的可靠性。

四、应用层

理论上讲，有了以上三层协议的支持，数据已经可以从一个主机上的应用程序传输到另一个主机的应用程序了，但此时传过来的数据是字节流，不能很好地被程序识别，可操作性差，因此，应用层定义了各种各样的协议来规范数据格式，常见的有 http，ftp，smtp 等，在请求 Header 中，分别定义了请求数据格式 Accept 和响应数据格式 Content – Type，有了这个规范以后，当对方接收到请求以后就知道该用什么格式来解析，然后对请求进行处理，最后按照请求方要求的格式将数据返回，请求端接收到响应后，就按照规定的格式进行解读。

所以应用层的主要工作就是定义数据格式并按照对应的格式解读数据。

7.2 大数据基础知识

7.2.1 概述

大数据技术起源于 2000 年互联网高速发展时期，随着数据特征的不断演变和数据价值的不断增加，如今大数据技术已经发展成为覆盖面庞大的技术体系。通信领域具有典型的超大规模海量数据特征，利用大数据分析技术，采取虚拟化的存储途径，使得数据各种结构类别都能在同一平台中进行整合存储，节约资源减少成本。在移动站点布局、网络结构优化方面，为使网络运行顺畅，达到最好的状态效果，基于大数据技术支撑，通过遗传算法、神经网络、模拟退火算法等算法模型，找出最合适的基站建设点，实现干扰分析、话务预测、掉话处理等预测分析。同时，为应对通信业务对大数据平台在数据规模、性能、扩展性等方面 的需求，通信大数据系统也呈现出敏捷、智慧、可信的发展趋势。如图 7 – 2 – 1 所示。

大数据技术应用于大数据系统端到端的各个环节，包括数据接入、数据预处理、数据存储、数据处理、数据可视化、数据治理，以及安全和隐私保护等。

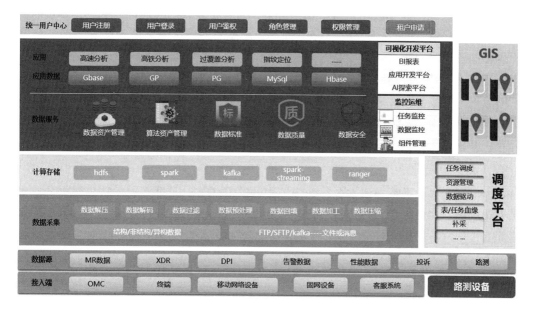

图 7-2-1 大数据

一、数据接入

大数据系统需要从不同应用和数据源（如互联网、物联网等）进行离线或实时的数据采集、传输、分发。为了支持多种应用和数据类型，大数据系统的数据接入需要基于规范化的传输协议和数据格式，提供丰富的数据接口、读入各种类型的数据。

二、数据预处理

预处理是大数据重点技术之一。由于采集到的数据在来源、格式、数据质量等方面可能存在较大的差异，需要对数据进行整理、清洗、转换等过程，以便支撑后续数据处理、查询、分析等进一步应用。

三、数据存储

随着大数据系统数据规模的扩大、数据处理和分析维度的提升、以及大数据应用对数据处理性能要求的不断提高，数据存储技术得到持续的发展与优化。一方面，基于大规模并行数据库（MPPDB）集群实现了海量结构化数据的存储与高质量管理，并能有效支持SQL 和联机交易处理（OLTP）查询。另一方面，基于 HDFS 分布式文件系统实现了对海量半结构化和非结构化数据的存储，进一步支撑内容检索、深度挖掘、综合分析等大数据分析应用。同时，数据规模的快速增长，也使得分布式存储成为主流的存储方式，通过充分利用分布式存储设备的资源，能够显著提升容量和读写性能，具备较高的扩展性。

四、数据处理

不同大数据应用对数据处理需求各异，导致产生了如离线处理、实时处理、交互查询、实时检索等不同数据处理方法。离线处理通常是指对海量数据进行批量的处理和分析，对处理时间的实时性要求不高，但数据量巨大、占用计算及存储资源较多。实时处理指对实时数据源（比如流数据）进行快速分析，对分析处理的实时性要求高，单位时间处理的数据量大，对 CPU 和内存的要求很高。交互查询是指对数据进行交互式的分析和查询，对查询响应时间要求较高，对查询语言支持要求高。实时检索指对实时写入的数据进行动态的查询，对查询响应时间要求较高，并且通常需要支持高并发查询。近年来，为满足不同数据分析场景在性能、数据规模、并发性等方面的要求，流计算、内存计算、图计算等数据处理技术不断发展。同时，人工智能的快速发展使得机器学习算法更多地融入数据处理、分析过程，进一步提升了数据处理结果的精准度、智能化和分析效率。

五、数据可视化

数据可视化是大数据技术在各行业应用中的关键环节。通过直观反映出数据各维度指标的变化趋势，用以支撑用户分析、监控和数据价值挖掘。数据可视化技术的发展使得用户借助图表、2D\3D 视图等多种方式，通过自定义配置可视化界面实现对各类数据源进行面向不同应用要求的分析。

六、数据治理

数据治理涉及数据全生存周期端到端过程，不仅与技术紧密相关，还与政策、法规、标准、流程等密切关联。从技术角度，大数据治理涉及到元数据管理、数据标准管理、数据质量管理、数据安全管理等多方面技术。当前，数据资源分散、数据流通困难（模型不统一、接口难对接）、应用系统孤立等问题已经成为企业数字化转型最大挑战之一。大数据系统需要通过提供集成化的数据治理能力、实现统一数据资产管理及数据资源规划。

七、安全与隐私保护

大数据系统的安全与系统的各个组件、及系统工作的各个环节相关，需要从数据安全（例如备份容灾、数据加密）、应用安全（例如身份鉴别和认证）、设备安全（例如网络安全、主机安全）等方面全面保障系统的运行安全。同时随着数据应用的不断深入，数据隐私保护（包括个人隐私保护，企业商业秘密保护、国家机密保护）也已成为大数据技术重点研究方向之一。

7.2.2 大数据主流技术

一、分布式数据库技术

分布式数据库是指将物理上分散的多个数据库单元连接起来组成的逻辑上统一的数据库。随着各行业大数据应用对数据库需求不断提升，数据库技术面临数据的快速增长及系统规模的急剧扩大，不断对系统的可扩展性、可维护性提出更高要求。当前以结构化数据为主，结合空间、文本、时序、图等非结构化数据的融合数据分析成为用户的重要需求方向。同时随着大规模数据分析对算力要求的不断提升，需要充分发挥异构计算单元（如 CPU、GPU、AI 加速芯片）来满足应用对数据分析性能的要求。

分布式数据库主要分为 OLTP 数据库、OLAP 数据库、HTAP 系统。OLTP（联机事务处理）数据库，用于处理数据量较大、吞吐量要求较高、响应时间较短的交易数据分析。OLAP（联机分析处理）数据库，一般通过对数据进行时域分析、空间分析、多维分析，从而迅速、交互、多维度地对数据进行探索，常用于商业智能和系统的实时决策。HTAP（混合交易/分析处理）系统，混合 OLTP 和 OLAP 业务同时处理，用于对动态的交易数据进行实时的复杂分析，使得用户能够做出更快的商业决策，支持流、图、空间、文本、结构化等多种数据类型的混合负载，具备多模引擎的分析能力。

分布式数据库的发展呈现与人工智能融合的趋势。一方面基于人工智能进行自调优、自诊断、自愈、自运维，能够对不同场景提供智能化性能优化能力；另一方面通过主流的数据库语言对接人工智能，有效降低人工智能使用门槛。此外，基于异构计算算力，分布式数据库能基于对不同 CPU 架构（ARM、X86 等）的调度进行结构化数据的处理，并基于对 GPU、人工智能加速芯片的调度，实现高维向量数据分析，提升数据库的性能、效能。

二、分布式存储技术

随着数据（尤其是非结构化数据）规模的快速增长，以及用户对大数据系统在可靠性、可用性、运营成本等方面需求的提升，分布式架构逐步成为大数据存储的主流架构。基于产业需求和技术发展，分布式存储主要呈现三方面趋势。一是基于硬件处理的分布式存储技术。目前大多的存储仍使用 HDD（传统硬盘），少数的存储使用 SSD（固态硬盘），或者 SSD + HDD 的模式，如何充分利用硬件来提升性能，推动着分布式存储技术进一步发展。二是基于融合存储的分布式存储技术。针对现有存储系统对块存储、文件存储、对象存储、大数据存储的基本需求，提供一套系统支持多种协议融合，降低存储成本，提升上线速度。三是人工智能技术融合，例如基于人工智能技术实现对性能进行自动调优、对资源使用进行预测、对硬盘故障进行预判等，提升系统可靠性和运维效率，降低运维成本。

三、流计算技术

流计算是指在数据流入的同时对数据进行处理和分析，常用于处理高速并发且时效性要求较高的大规模计算场景。流计算系统的关键是流计算引擎，目前流计算引擎主要具备以下特征：支持流计算模型，能够对流式数据进行实时的计算；支持增量计算，可以对局部数据进行增量处理；支持事件触发，能够实时对变化进行及时响应；支持流量控制，避免因流量过高而导致崩溃或者性能降低等。

随着数据量的不断增加，流计算系统的使用日益广泛，同时传统的流计算平台和系统开始逐步出现一些不足。状态的一致性保障机制相对较弱，处理延迟相对较大，吞吐量受限等问题的出现，推动着流计算平台和系统向新的发展方向延伸。其发展趋势主要包括：更高的吞吐速率，以应对更加海量的流式数据；更低的延迟，逐步实现亚秒级的延迟；更加完备的流量控制机制，以应对更加复杂的流式数据情况；容错能力的提升，以较小的开销来应对各类问题和错误。

四、图数据库技术

图数据库是利用图结构进行语义查询的数据库。相比关系模型，图数据模型具有独特的优势。一是借助边的标签，能对具有复杂甚至任意结构的数据集进行建模；而使用关系模型，需要人工将数据集归化为一组表及它们之间的 JOIN 条件，才能保存原始结构的全部信息。二是图模型能够非常有效地执行涉及数据实体之间多跳关系的复杂查询或分析，由于图模型用边来保存这类关系，因此只需要简单的查找操作即可获得结果，具有显著的性能优势。三是相较于关系模型，图模型更加灵活，能够简便地创建及动态转换数据，降低模式迁移成本。四是图数据库擅于处理网状的复杂关系，在金融大数据、社交网络分析、推荐、安全防控、物流等领域有着更为广泛的应用。

7.3　云计算基础知识

7.3.1　基本概述

云计算（cloud computing）是分布式计算的一种，指的是通过网络"云"将巨大的数据计算处理程序分解成无数个小程序，然后，通过多部服务器组成的系统进行处理和分析这些小程序，得到结果并返回给用户。云计算早期，简单地说，就是简单的分布式计算，解决任务分发，并进行计算结果的合并。因而，云计算又称为网格计算。通过这项技术，可以在很短的时间（几秒钟）内完成对数以万计的数据的处理，从而达到强大的网络服务。

现阶段所说的云服务已经不单单是一种分布式计算，而是分布式计算、效用计算、负载均衡、并行计算、网络存储、热备份冗杂和虚拟化等计算机技术混合演进并跃升的结果。

"云"实质上就是一个网络，狭义上讲，云计算就是一种提供资源的网络，使用者可以随时获取"云"上的资源，按需求量使用，并且可以看成是无限扩展的，只要按使用量付费就可以，"云"就像自来水厂一样，我们可以随时接水，并且不限量，按照自己家的用水量，付费给自来水厂就可以。

从广义上说，云计算是与信息技术、软件、互联网相关的一种服务，这种计算资源共享池叫做"云"，云计算把许多计算资源集合起来，通过软件实现自动化管理，只需要很少的人参与，就能让资源被快速提供。也就是说，计算能力作为一种商品，可以在互联网上流通，就像水、电、煤气一样，可以方便地取用，且价格较为低廉。

总之，云计算不是一种全新的网络技术，而是一种全新的网络应用概念，云计算的核心概念就是以互联网为中心，在网站上提供快速且安全的云计算服务与数据存储，让每一个使用互联网的人都可以使用网络上的庞大计算资源与数据中心。

云计算是继互联网、计算机后在信息时代又一种新的革新，云计算是信息时代的一个大飞跃，未来的时代可能是云计算的时代，虽然目前有关云计算的定义有很多，但总体上来说，云计算虽然有许多含义，但概括来说，云计算的基本含义是一致的，即云计算具有很强的扩展性和需要性，可以为用户提供一种全新的体验，云计算的核心是可以将很多的计算机资源协调在一起，因此，使用户通过网络就可以获取无限的资源，同时获取的资源不受时间和空间的限制。

7.3.2 服务类型

云计算的服务类型分为三类，即基础设施即服务（IaaS）、平台即服务（PaaS）和软件即服务（SaaS）。这3种云计算服务有时称为云计算堆栈，因为它们构建堆栈，它们位于彼此之上，以下是这三种服务的概述。

一、基础设施即服务（IaaS）

基础设施对服务是主要的服务类别之一，它向云计算提供商的个人或组织提供虚拟化计算资源，如虚拟机、存储、网络和操作系统。

二、平台即服务（PaaS）

平台即服务是一种服务类别，为开发人员提供通过全球互联网构建应用程序和服务的平台。Paas 为开发、测试和管理软件应用程序提供按需开发环境。

三、软件即服务（SaaS）

软件即服务也是其服务的一类，通过互联网提供按需软件付费应用程序，云计算提供商托管和管理软件应用程序，并允许其用户连接到应用程序并通过全球互联网访问应用程序。

7.3.3 关键技术

一、体系结构

实现计算机云计算需要创造一定的环境与条件，尤其是体系结构必须具备以下关键特征。第一，要求系统必须智能化，具有自治能力，减少人工作业的前提下实现自动化处理平台智地响应要求，因此云系统应内嵌有自动化技术；第二，面对变化信号或需求信号云系统要有敏捷的反应能力，所以对云计算的架构有一定的敏捷要求。与此同时，随着服务级别和增长速度的快速变化，云计算同样面临巨大挑战，而内嵌集群化技术与虚拟化技术能够应付此类变化。

云计算平台的体系结构由用户界面、服务目录、管理系统、部署工具、监控和服务器集群组成：

（1）用户界面。主要用于云用户传递信息，是双方互动的界面。

（2）服务目录。顾名思义是提供用户选择的列表。

（3）管理系统。指的是主要对应用价值较高的资源进行管理。

（4）部署工具。能够根据用户请求对资源进行有效地部署与匹配。

（5）监控。主要对云系统上的资源进行管理与控制并制定措施。

（6）服务器集群。服务器集群包括虚拟服务器与物理服务器，隶属管理系统。

二、资源监控

云系统上的资源数据十分庞大，同时资源信息更新速度快，想要精准、可靠的动态信息需要有效途径确保信息的快捷性。而云系统能够为动态信息进行有效部署，同时兼备资源监控功能，有利于对资源的负载、使用情况进行管理。其次，资源监控作为资源管理的"血液"，对整体系统性能起关键作用，一旦系统资源监管不到位，信息缺乏可靠性那么其他子系统引用了错误的信息，必然对系统资源的分配造成不利影响。因此贯彻落实资源监控工作刻不容缓。资源监控过程中，只要在各个云服务器上部署 Agent 代理程序便可进行配置与监管活动，比如通过一个监视服务器连接各个云资源服务器，然后以周期为单位将资源的使用情况发送至数据库，由监视服务器综合数据库有效信息对所有资源进行分析，评估资源的可用性，最大限度提高资源信息的有效性。

三、自动化部署

科学进步的发展倾向于半自动化操作，实现了出厂即用或简易安装使用。基本上计算资源的可用状态也发生转变，逐渐向自动化部署。对云资源进行自动化部署指的是基于脚本调节的基础上实现不同厂商对于设备工具的自动配置，用以减少人机交互比例、提高应变效率，避免超负荷人工操作等现象的发生，最终推进智能部署进程。自动化部署主要指的是通过自动安装与部署来实现计算资源由原始状态变成可用状态。其于计算中表现为能够划分、部署与安装虚拟资源池中的资源为能够给用户提供各类应用于服务的过程，包括了存储、网络、软件以及硬件等。系统资源的部署步骤较多，自动化部署主要是利用脚本调用来自动配置、部署与配置各个厂商设备管理工具，保证在实际调用环节能够采取静默的方式来实现，避免了繁杂的人际交互，让部署过程不再依赖人工操作。除此之外，数据模型与工作流引擎是自动化部署管理工具的重要部分，不容小觑。一般情况下，对于数据模型的管理就是将具体的软硬件定义在数据模型当中即可；而工作流引擎指的是触发、调用工作流，以提高智能化部署为目的，善于将不同的脚本流程在较为集中与重复使用率高的工作流数据库当中应用，有利于减轻服务器工作量。

7.4　人工智能（AI）基础知识

7.4.1　基本概述

人工智能（Artificial Intelligence），英文缩写为 AI。它是研究、开发用于模拟、延伸和扩展人的智能的理论、方法、技术及应用系统的一门新的技术科学。

人工智能是计算机科学的一个分支，它企图了解智能的实质，并生产出一种新的能以人类智能相似的方式做出反应的智能机器，该领域的研究包括机器人、语言识别、图像识别、自然语言处理和专家系统等。人工智能从诞生以来，理论和技术日益成熟，应用领域也不断扩大，可以设想，未来人工智能带来的科技产品，将会是人类智慧的"容器"。人工智能可以对人的意识、思维的信息过程进行模拟。人工智能不是人的智能，但能像人那样思考、也可能超过人的智能。

人工智能是一门极富挑战性的科学，从事这项工作的人必须懂得计算机知识，心理学和哲学。人工智能是包括十分广泛的科学，它由不同的领域组成，如机器学习、计算机视觉等等，总的说来，人工智能研究的一个主要目标是使机器能够胜任一些通常需要人类智能才能完成的复杂工作。但不同的时代、不同的人对这种"复杂工作"的理解是不同的。

　　人工智能是研究用计算机来模拟人的某些思维过程和智能行为（如学习、推理、思考、规划等）的学科，主要包括计算机实现智能的原理、制造类似于人脑智能的计算机，使计算机能实现更高层次的应用。人工智能将涉及到计算机科学、心理学、哲学和语言学等学科，可以说几乎包括了自然科学和社会科学的所有学科，其范围已远远超出了计算机科学的范畴，人工智能与思维科学的关系是实践和理论的关系，人工智能是处于思维科学的技术应用层次，是它的一个应用分支。从思维观点看，人工智能不仅仅限于逻辑思维，要考虑形象思维、灵感思维才能促进人工智能突破性发展，数学常被认为是多种学科的基础科学，数学也进入语言、思维领域，人工智能学科也必须借用数学工具，数学不仅在标准逻辑、模糊数学等范围发挥作用，数学进入人工智能学科，它们将互相促进而更快地发展。

7.4.2　发展历程

　　1956 年夏季，以麦卡赛、明斯基、罗切斯特和申农等为首的一批有远见卓识的年轻科学家在一起聚会，共同研究和探讨用机器模拟智能的一系列有关问题，并首次提出了"人工智能"这一术语，它标志着"人工智能"这门新兴学科的正式诞生。IBM 公司"深蓝"电脑击败了人类的世界国际象棋冠军更是人工智能技术的一个完美表现。

　　从 1956 年正式提出人工智能学科算起，60 多年来，取得长足的发展，成为一门广泛的交叉和前沿科学。总的说来，人工智能的目的就是让计算机这台机器能够像人一样思考。如果希望做出一台能够思考的机器，那就必须知道什么是思考，更进一步讲就是什么是智慧。什么样的机器才是智慧的呢？科学家已经作出了汽车、火车、飞机、收音机等等，它们模仿我们身体器官的功能，但是能不能模仿人类大脑的功能呢？到目前为止，我们也仅仅知道这个装在我们天灵盖里面的东西是由数十亿个神经细胞组成的器官，我们对这个东西知之甚少，模仿它或许是天下最困难的事情了。

　　当计算机出现后，人类开始真正有了一个可以模拟人类思维的工具，在以后的岁月中，无数科学家为这个目标努力着。如今人工智能已经不再是几个科学家的专利了，全世界几乎所有大学的计算机系都有人在研究这门学科，学习计算机的大学生也必须学习这样一门课程，在大家不懈的努力下，如今计算机似乎已经变得十分聪明了。例如，1997 年 5 月，IBM 公司研制的深蓝（DEEP BLUE）计算机战胜了国际象棋大师卡斯帕洛夫（KASPAROV）。大家或许不会注意到，在一些地方计算机帮助人进行其他原来只属于人类的工作，计算机以它的高速和准确为人类发挥着它的作用。人工智能始终是计算机科学的前沿学科，计算机编程语言和其他计算机软件都因为有了人工智能的进展而得以存在。

7.4.3 主要成果

一、人机对弈

1996 年 2 月 10—17 日，GARRY KASPAROV 以 4∶2 战胜"深蓝"（DEEP BLUE）。

1997 年 5 月 3—11 日，GARRY KASPAROV 以 2.5∶3.5 输于改进后的"深蓝"。

2003 年 2 月 GARRY KASPAROV 3∶3 战平"小深"（DEEP JUNIOR）。

2003 年 11 月 GARRY KASPAROV 2∶2 战平"X3D 德国人"（X3D – FRITZ）。

二、模式识别

采用模式识别引擎，分支有 2D 识别引擎、3D 识别引擎、驻波识别引擎以及多维识别引擎。2D 识别引擎已推出指纹识别、人像识别、文字识别、图像识别、车牌识别；驻波识别引擎已推出语音识别；3D 识别引擎已推出 VR 仿真识别。

三、自动工程

- 自动驾驶（OSO 系统）；
- 印钞工厂（流水线）；
- 猎鹰系统（YOD 绘图）。

四、知识工程

以知识本身为处理对象，研究如何运用人工智能和软件技术，设计、构造和维护知识系统。

- 专家系统；
- 智能搜索引擎；
- 计算机视觉和图像处理；
- 机器翻译和自然语言理解；
- 数据挖掘和知识发现。

7.5 PostgreSQL 简介

7.5.1 PostgreSQL 概述

PostgreSQL 是一个功能强大的开源对象关系型数据库系统，它使用和扩展了 SQL 语言，并结合了许多安全存储和扩展最复杂数据工作负载的功能。PostgresSQL 凭借其经过验证的架构、可靠性、数据完整性、强大的功能集、可扩展性以及软件背后的开源社区的奉献精神赢得了良好的声誉，始终如一地提供高性能和创新的解决方案。

7.5.2 架构

PostgreSQL 的物理架构非常简单，它由共享内存、一系列后台进程和数据文件组成，

PG 数据库架构如图 7 – 5 – 1 所示。

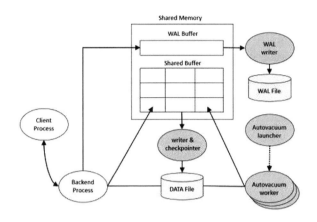

图 7 – 5 – 1　PG 数据库架构

一、Shared Memory

共享内存是服务器为数据库缓存和事务日志缓存预留的内存缓存空间。其中最重要的组成部分是 Shared Buffer 和 WAL Buffer。

Shared Buffer 的目的是减少磁盘 IO。为了达到这个目的，必须满足以下规则：

当需要快速访问非常大的缓存时（10G、100G 等）；

如果有很多用户同时使用缓存，需要将内容尽量缩小；

频繁访问的磁盘块必须长期放在缓存中。

WAL Buffer 是用来临时存储数据库变化的缓存区域。存储在 WAL Buffer 中的内容会根据提前定义好的时间点参数要求写入到磁盘的 WAL 文件中。在备份和恢复的场景下，WAL Buffer 和 WAL 文件是极其重要的。

二、PostgreSQL 进程类型

PostgreSQL 有四种进程类型：

（1）Postmaster（Daemon）Process（主后台驻留进程）；

（2）Background Process（后台进程）；

（3）Backend Process（后端进程）；

（4）Client Process（客户端进程）。

Postmaster Process：主后台驻留进程是 PostgreSQL 启动时第一个启动的进程。启动时，它会执行恢复、初始化共享内存并启动运行后台进程操作。正常服役期间，当有客户端发起链接请求时，它还负责创建后端进程。如果通过 pstree 命令查看进程之间的关系，你会发现 Postmaster 进程是其他所有进程的父进程。

Background Process：PostgreSQL 操作需要的后台进程列表如下：

进程	作用
logger	将错误信息写到 log 日志中
checkpointer	当检查点出现时，将脏内存块写到数据文件
writer	周期性的将脏内存块写入文件
wal writer	将 WAL 缓存写入 WAL 文件
Autovacuum launcher	当自动 vacuum 被启用时，用来派生 autovacuum 工作进程。autovacuum 进程的作用是在需要时自动对膨胀表执行 vacuum 操作。
archiver	在归档模式下，复制 WAL 文件到特定的路径下。
stats collector	用来收集数据库统计信息，例如会话执行信息统计（使用 pg_ stat_ activity 视图）和表使用信息统计（pg_ stat_ all_ tables 视图）

Backend Process：最大后台链接数通过 max_ connections 参数设定，默认值为 100。后端进程用于处理前端用户请求并返回结果。查询运行时需要一些内存结构，就是所谓的本地内存（local memory）。本地内存涉及的主要参数有：

（1）work_ mem：用于排序、位图索引、哈希链接和合并链接操作。默认值为 4MB。

（2）maintenance_ work_ mem：用于 vacuum 和创建索引操作。默认值为 64MB。

（3）temp_ buffers：用于临时表。默认值为 8MB。

Client Process：客户端进程需要和后端进程配合使用，处理每一个客户链接。通常情况下，Postmaster 进程会派生一个紫禁城用来处理用户链接。

7.5.3 示例：创建和删除数据库

7.5.4 创建数据库

PostgreSQL 创建数据库可以用以下 2 种方式：

（1）使用 CREATE DATABASE SQL 命令在 PostgreSQL 命令窗口来创建。

语法格式	CREATE DATABASE dbname;
示例	创建一个 runoobdb 的数据库： postgres = # CREATE DATABASE runoobdb;

（2）使用 createdb 命令在 PostgreSQL 安装目录/bin 下创建。

名称	解释说明
语法格式	createdb ［ option. . . ］［ dbname ［ description ］］
参数说明	dbname：要创建的数据库名。 description：关于新创建的数据库相关的说明。 options：参数可选项与描述，见下面详细介绍 － D tablespace：指定数据库默认表空间。 － e：将 createdb 生成的命令发送到服务端。 － E encoding：指定数据库的编码。 － l locale：指定数据库的语言环境。 － T template：指定创建此数据库的模板。 － help：显示 createdb 命令的帮助信息。 － h host：指定服务器的主机名。 － p port：指定服务器监听的端口，或者 socket 文件。 － U username：连接数据库的用户名。 － w：忽略输入密码。 － W：连接时强制要求输入密码。

示例	使用超级用户 postgres 登录到主机地址为 localhost、端口号为 5432 的 Post-greSQL 数据库中并创建 runoobdb 数据库：
	$ cd /Library/PostgreSQL/11/bin/
	$ createdb － h localhost － p 5432 － U postgres runoobdb
	password * * * * * *

7.5.5 删除数据库

PostgreSQL 删除数据库可以用以下 2 种方式：
（1）使用 DROP DATABASE 命令在 PostgreSQL 命令窗口删除。

名称	解释说明
删除范围	删除数据库的系统目录项并且删除包含数据的文件目录
执行者	只能由超级管理员或数据库拥有者执行
语法格式	DROP DATABASE ［ IF EXISTS ］ name
参数说明	IF EXISTS：如果数据库不存在则发出提示信息，而不是错误信息。 name：要删除的数据库的名称。
示例	删除一个名为 runoobdb 的数据库： postgres = # DROP DATABASE runoobdb；

（2）使用 dropdb 命令 PostgreSQL 安装目录/bin 下删除。

名称	解释说明
删除范围	删除数据库的系统目录项并且删除包含数据的文件目录
执行者	只能由超级管理员或数据库拥有者执行
语法格式	dropdb［connection－option...］［option...］dbname
参数说明	dbname：要删除的数据库名。 　　options：参数可选项，可以是以下值： 　　－e：显示 dropdb 生成的命令并发送到数据库服务器。 　　－i：在做删除的工作之前发出一个验证提示。 　　－V：打印 dropdb 版本并退出。 　　－－if－exists：如果数据库不存在则发出提示信息，而不是错误信息。 　　－－help：显示有关 dropdb 命令的帮助信息。 　　－h host：指定运行服务器的主机名。 　　－p port：指定服务器监听的端口，或者 socket 文件。 　　－U username：连接数据库的用户名。 　　－w：连接数据库的用户名。 　　－W：连接时强制要求输入密码。 　　－－maintenance－db＝dbname：删除数据库时指定连接的数据库，默认为 postgres，如果它不存在则使用 template1。

示例	超级用户 postgres 登录到主机地址为 localhost，端口号为 5432 的 PostgreSQL 数据库中并删除 runoobdb 数据库：
	　　$ cd /Library/PostgreSQL/11/bin/
	　　$ dropdb －h localhost －p 5432 －U postgres runoobdb
	　　password ＊＊＊＊＊＊

7.6　基于可视化平台的网优算法开发

7.6.1　建立项目目录

登录可视化开发工具后，通过路径点击"应用开发"，左侧目录树展示本项目的所有目录层级。

一、目录结构

支持项目内按照多级目录进行管理，如按照‘项目 + 功能 + 算法’三级目录管理，目录层级根据用户需要自定义设置，系统无限制层级，但是第一级目录必须是‘项目’。如图 7 – 6 – 1、图 7 – 6 – 2 所示。

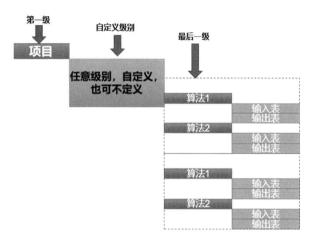

图 7 – 6 – 1　目录结构

图 7 – 6 – 2　目录层级

二、新建目录

路径：鼠标右击‘应用开发 – > 新建目录’，如图 7 – 6 – 3 所示。

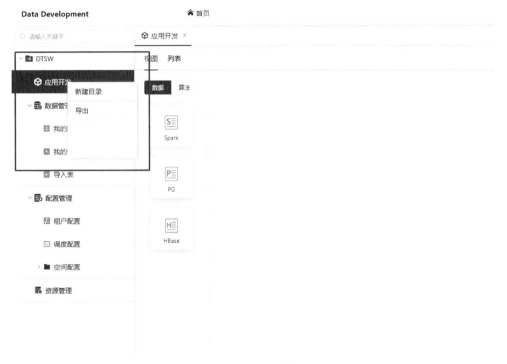

图 7 - 6 - 3　路径

弹框输入目录名，此处省略其他级别目录，直接建立功能目录'feature1'，点击确定，如图 7 - 6 - 4 所示。

图 7 - 6 - 4　feature1

新建目录成功，左侧目录树会显示该级目录，如图 7 - 6 - 5 所示。

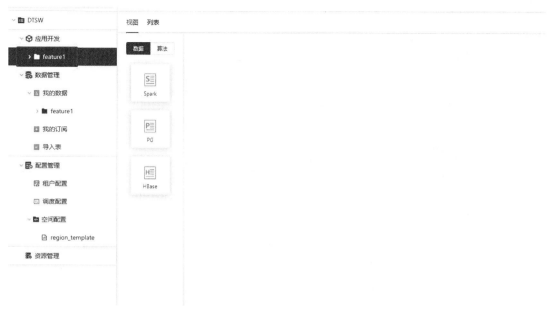

图 7 - 6 - 5 新建目录

三、删除目录

路径：鼠标右击"应用开发 - >待删除目录"，点击删除，如图 7 - 6 - 6 所示。
注：删除目录会将目录下的所有子目录的数据和算法全部删除，请谨慎使用。

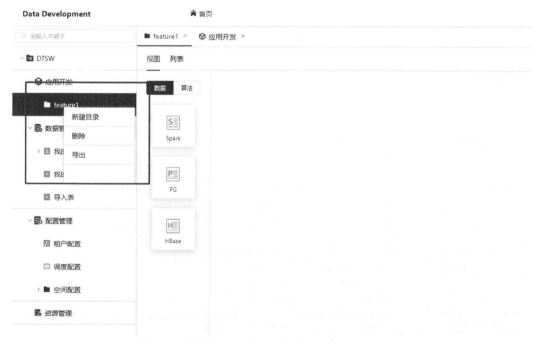

图 7 - 6 - 6 路径目录

四、目录管理

支持目录导出，路径为：鼠标右击"应用开发 - > 新建目录"，如图 7 - 6 - 7 所示。支持目录的移动及目录下算法的单个和整体移动。

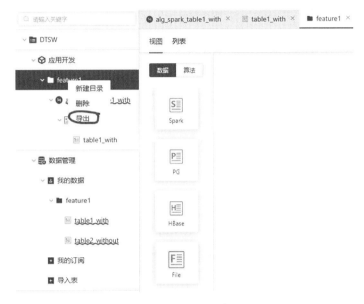

图 7 - 6 - 7　导出

7.6.2　数据视图开发

左击单击一个功能目录，右侧开发界面默认展示的是数据视图开发模式，如图 7 - 6 - 8 所示。

图 7 - 6 - 8　功能目录

一、基于数据的开发思想

数据视图开发模式，是有别于传统的以算法视角开发的一种创新的开发模式，让业务设计者更加关注他们的数据开发设计，即数据流转的逻辑链路或者说数据的业务流向；虽然其本质还是算法，因为只有算法才能生成数据；但是把传统的算法与数据进行了相互隔离，又把两者之间的转换进行了封装，通过数据开发设计系统自动转换生成相关的算法开发设计；数据的血缘即算法的血缘，两者相通。

一般我们认为，一个数据的产生，必定是一个算法执行的结果。在基于数据驱动的大数据计算平台模型设计中，表现为设计一张表，需要一个算法去输出它，也就是这张表是这个算法的输出表。基于这个实际操作，我们在创建一张表的同时，就会产生这个表的伴生算法，这个算法通过实现运行后，会将数据输出到这张表中。这样，我们就可以更加专注于数据流的设计，因为数据设计完成后，算法的关系也就产生了。并且会根据数据关系，联动地配置算法的相关配置，极大地提高了开发效率。

二、数据业务流程设计

从数据视图的视角，快速设计数据血缘，以及数据与算法的快速联动。数据血缘在数据视图开发界面上创建多个表，并按照数据流转流程通过连线将表节点连接。

以切换问题点为例，将因为切换不及时、切换不合理等切换问题导致的质差区域清洗出来，实现问题的快速定位。切换问题分析的算法设计思路如下：

总体思路：通过 lte_ coverage_ siteinfoLTE（工参信息表）、lte_ event_ handover（LTE切换事件表）、lte_ event_ measureevent（测量报告事件表）与 datainfo（数据流的详细信息表）4 张原始表的数据进行关联和清洗，生成 8 张中间表并最终输出 result_ lte_ badquality_ handover 结果表，如图 7 - 6 - 9 所示。

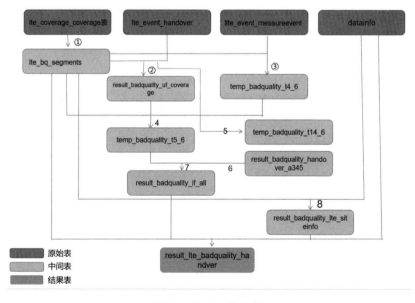

图 7 - 6 - 9　结果表

（1）通过原始采样点信息表 lte_ coverage_ coverage，获取质差采样点，形成质差路段并生成过程表 lte_ bq_ segments；

（2）通过中间过程表 lte_ bq_ segments 质差路段详表和原始 lte_ event_ handover 表生成质差路段切换次数详表 temp_ badquality_ t2_ 6。

（3）通过中间 lte_ bq_ segments 质差路段详表和原始表 2. lte_ event_ measureevent：MR 上报详表生成质差路段 MR 上报次数详表 temp_ badquality_ t4_ 6。

（4）通过中间表 1. lte_ bq_ segments 质差路段详表、中间表 temp_ badquality_ t2_ 6、temp_ badquality_ t2_ 6 生成质差路段切换事件汇总详表 temp_ badquality_ t5_ 6。

（5）通过中间表 lte_ bq_ segments 质差路段详表和原始表 lte_ event_ handover 生成问题路段切换事件开始结束时间详表 temp_ badquality_ t14_ 6

（6）通过中间表 lte_ bq_ segments 差路段详表和原始表 lte_ event_ measureevent 生成问题路段的 A3/A4/A5 事件汇总详表 result_ badquality_ handover_ a345

（7）通过中间表 temp_ badquelity_ t5_ 6 和中间表 result_ badquality_ handover_ a345 生成 LTE 质差路段原因判断明细表 result_ badquality_ if_ all

（8）通过中间过程表 lte_ bq_ segments（质差路段详）表和原始工参表 lte_ coverage_ siteinfo 生成新的问题路段工参表 result_ badquality_ lte_ siteinfo；

通过中间过程表 result_ badquality_ handover_ a345、result_ badquality_ lte_ siteinfo、result_ badquality_ if_ all 以及原始表 datainfo 生成新的问题结果表 result_ lte_ badquality_ handver。

三、示例：创建数据表

数据表模型：spark 表、PG 表、HBASE 表、FILE 文件，拖拽表类型中 spark 表模型到开发界面，如 7－6－10 图所示操作。

图 7－6－10　数据表模型

弹框新建有伴生算法的表，＊为必填项，如图 7 - 6 - 11 所示。

图 7 - 6 - 11　弹框新建有伴生算法

弹框配置字段含义见表 7 - 6 - 1。

表 7 - 6 - 1　弹框配置字段含义表

字段	含义	说明
库名	表所在数据库名称	1）支持从已有数据库名称列表中快速选择，列表包含该项目下所有 SPARK 数据库名称；若要创建一个不存在的数据库则输入要建立的数据库名称，系统会自动创建 2）名称定义标准：英文、数字、下划线；长度 3 ~ 255 个字符。
表名	表名称	名称定义标准：英文、数字、下划线；长度 3 ~ 255 个字符。
版本号	表的版本号	表每一次修改，开发人员都可以制定相应的版本号，以便帮助开发人员跟踪表的修改历史记录。
伴生算法	生成这张表的算法	是：联动的创建生成该表的算法模型（输出表联动自动填写完毕） 否：则不创建伴生算法，即无算法输出数据到此表。
算法语言	算法的开发语言	支持 spark sql、python、rdd

弹框新建无伴生算法的表，＊为必填项，如图 7 - 6 - 12 所示。

图 7 - 6 - 12　弹框新建

点击确定，新建表成功，如图 7 - 6 - 13 所示。

图 7 - 6 - 13　新建表成功

我们创建了两张表，一个有伴生算法 table1_ with，一个无伴生算法 table2_ without。

四、示例：数据表配置

切换'数据视图'，双击'table1_ with'表模型节点，进入表的配置页，如图 7 - 6 - 14 所示，包含基础配置、结构设计和高级设置。

基础配置展示了表的数据库名称、表名称、版本号和表的类型。表的类型是根据创建表时，在界面拖拽的 spark 表模型，系统默认在配置界面填写上的，因此在配置页面不可修改，其他参数可以修改。

　　结构设计主要定义了表的分区和字段信息，支持两种方式，其一"可视化配置方式"，用户在界面配置表结构；其二"DDL 方式"，用户使用 sql 创建表结构；两者之间是联动的，即表结构设计后会自动生成 sql 语句；反之，写 sql 语句会自动匹配填写表配置中的结构设计。

　　高级配置主要包括表的存储格式及属性、存储路径、置信度的相关配置，如图 7 - 6 - 14 所示。

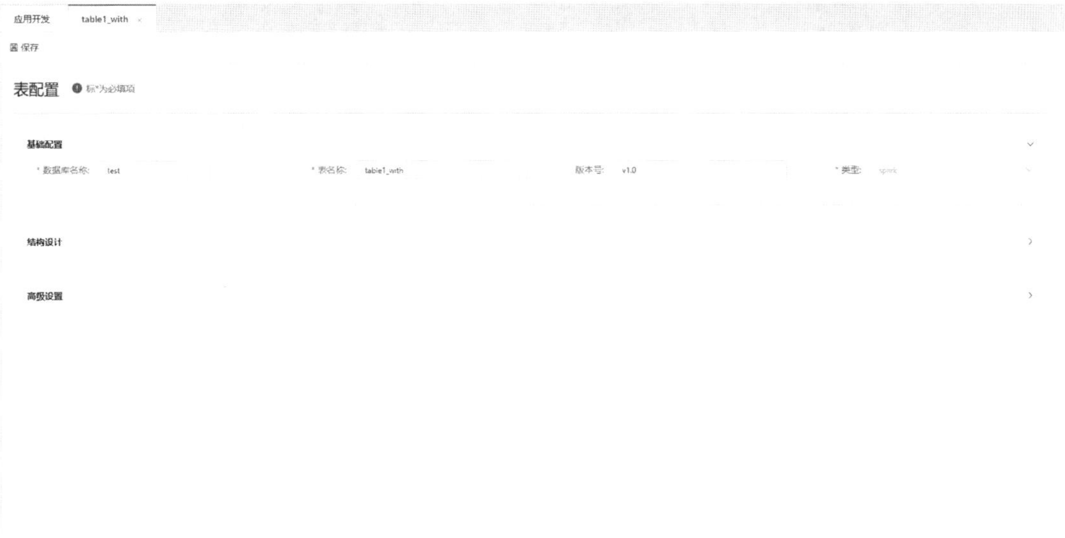

图 7 - 6 - 14　高级配置

7.7　云计算应用

7.7.1　IaaS、PaaS、SaaS 实际应用

一、IaaS 应用

　　IaaS（Infrastructure as a Service），即基础设施即服务，就是消费者通过 Internet 可以从完善的计算机基础设施获得的服务。基于互联网的服务（如存储和数据库）是 IaaS 的一部分。

　　IaaS 提供给消费者的服务是对所有设施的利用，包括处理、存储、网络和其他基本的计算资源，用户能够部署和运行任意软件，包括操作系统和应用程序。消费者不管理或控制任何云计算基础设施，但能控制操作系统的选择、储存空间、部署的应用，也可能获得有限制的网络组件（例如，防火墙，负载均衡器等）的控制。

　　IaaS 分为两种用法：公共的和私有的。Amazon EC2 在基础设施云中使用公共服务器池。更加私有化的服务会使用企业内部数据中心的一组公用或私有服务器池。如果在企业数据中心环境中开发软件，那么这两种类型都能使用，而且使用 EC2 临时扩展资源的成本也很低，比方说测试。结合使用两者可以更快地开发应用程序和服务，缩短开发和测试周期。

作为 IaaS 在实际应用中的一个例子，The New York Times 使用成百上千台 Amazon EC2 实例在 36h 内处理 TB 级的文档数据。如果没有 EC2，The New York Times 处理这些数据将要花费数天或者数月的时间。

同时，IaaS 也存在安全漏洞，例如服务商提供的是一个共享的基础设施，也就是说一些组件，例如 CPU 缓存，GPU 等对于该系统的使用者而言并不是完全隔离的，这样就会产生一个后果，即当一个攻击者得逞时，全部服务器都向攻击者敞开了大门，即使使用了 hypervisor，有些客户机操作系统也能够获得基础平台不受控制的访问权。解决办法：开发一个强大的分区和防御策略，IaaS 供应商必须监控环境是否有未经授权的修改和活动。

二、PaaS 应用

PaaS 是（Platform as a Service）的缩写，是指平台即服务。把服务器平台作为一种服务提供的商业模式，通过网络进行程序提供的服务称之为 SaaS（Software as a Service），是云计算三种服务模式之一，而云计算时代相应的服务器平台或者开发环境作为服务进行提供就成为了 PaaS（Platform as a Service）。

PaaS 能将现有各种业务能力进行整合，具体可以归类为应用服务器、业务能力接入、业务引擎、业务开放平台，向下根据业务能力需要测算基础服务能力，通过 IaaS 提供的 API 调用硬件资源，向上提供业务调度中心服务，实时监控平台的各种资源，并将这些资源通过 API 开放给 SaaS 用户。PaaS 主要具备以下三个特点：

（一）平台即服务

PaaS 所提供的服务与其他的服务最根本的区别是 PaaS 提供的是一个基础平台，而不是某种应用。在传统的观念中，平台是向外提供服务的基础。一般来说，平台作为应用系统部署的基础，是由应用服务提供商搭建和维护的，而 PaaS 颠覆了这种概念，由专门的平台服务提供商搭建和运营该基础平台，并将该平台以服务的方式提供给应用系统运营商。

（二）平台及服务

PaaS 运营商所需提供的服务，不仅仅是单纯的基础平台，而且包括针对该平台的技术支持服务，甚至针对该平台而进行的应用系统开发、优化等服务。PaaS 的运营商最了解他们所运营的基础平台，所以由 PaaS 运营商所提出的对应用系统优化和改进的建议也非常重要。而在新应用系统的开发过程中，PaaS 运营商的技术咨询和支持团队的介入，也是保证应用系统在以后的运营中得以长期、稳定运行的重要因素。

（三）平台级服务

PaaS 运营商对外提供的服务不同于其他的服务，这种服务的背后是强大而稳定的基础运营平台，以及专业的技术支持队伍。这种"平台级"服务能够保证支撑 SaaS 或其他软件服务提供商各种应用系统长时间、稳定的运行。PaaS 的实质是将互联网的资源服务化为可编程接口，为第三方开发者提供有商业价值的资源和服务平台。有了 PaaS 平台的支撑，云计算的开发者就获得了大量的可编程元素，这些可编程元素有具体的业务逻辑，这就为开发带来了极大的方便，不但提高了开发效率，还节约了开发成本。有了 PaaS 平台的支持，WEB 应用的开发变得更加敏捷，能够快速响应用户需求的开发能力，也为最终用户带来了实实在在的利益。

三、SaaS 应用

SaaS，是 Software as a Service 的缩写，意思为软件即服务，即通过网络提供软件服务。SaaS 平台供应商将应用软件统一部署在自己的服务器上，客户可以根据工作实际需求，通过互联网向厂商定购所需的应用软件服务，按定购的服务多少和时间长短向厂商支付费用，并通过互联网获得 SaaS 平台供应商提供的服务。

SaaS 应用软件有免费、付费和增值三种模式。付费通常为"全包"费用，囊括了通常的应用软件许可证费、软件维护费以及技术支持费，将其统一为每个用户的月度租用费。SaaS 具有如下特性。

（一）互联网特性

一方面，SaaS 服务通过互联网浏览器或 WebServices/Web2.0 程序连接的形式为用户提供服务，使得 SaaS 应用具备了典型互联网技术特点；另一方面，由于 SaaS 极大地缩短了用户与 SaaS 提供商之间的时空距离，从而使得 SaaS 服务的营销、交付与传统软件相比有着很大的不同。

比如，SaaS 软件行业知名产品 NetSuite 所提供的在线 ERP、在线 CRM 等模块产品都是基于网络的，这样的优势在于不必投入任何硬件费用，也不用请专业的系统维护人员就能上网，有浏览器就可以进行 ERP、CRM 系统的使用。快速的实施、便捷的使用、低廉的价格都有赖于 SaaS 产品的互联网特性。

（二）多重租赁（Multi – tenancy）特性

SaaS 服务通常基于一套标准软件系统为成百上千的不同客户（又称为租户）提供服务。这要求 SaaS 服务能够支持不同租户之间数据和配置的隔离，从而保证每个租户数据的安全与隐私，以及用户对诸如界面、业务逻辑、数据结构等的个性化需求。由于 SaaS 同时支持多个租户，每个租户又有很多用户，这对支撑软件的基础设施平台的性能、稳定性和扩展性提出很大挑战。SaaS 作为一种基于互联网的软件交付模式，优化软件大规模应用后的性能和运营成本是架构师的核心任务。

（三）服务（Service）特性

SaaS 使软件以互联网为载体的服务形式被客户使用，所以很多服务合约的签订、服务使用的计量、在线服务质量的保证和服务费用的收取等问题都必须加以考虑。而这些问题通常是传统软件没有考虑到的。

（四）可扩展（Scalable）特性

可扩展性意味着最大限度地提高系统的并发性，更有效地使用系统资源。比如应用：优化资源锁的持久性，使用无状态的进程，使用资源池来共享线和数据库连接等关键资源，缓存参考数据，为大型数据库分区。

7.7.2 主要应用场景介绍

较为简单的云计算技术已经普遍服务于现如今的互联网服务中，最为常见的就是网络搜索引擎和网络邮箱。搜索引擎大家最为熟悉的莫过于谷歌和百度了，在任何时刻，只要用过移动终端就可以在搜索引擎上搜索任何自己想要的资源，通过云端共享了数据资源。而网络邮箱也是如此，在过去，寄写一封邮件是一件比较麻烦的事情，同时也是很慢的过程，而在云计算技术和网络技术的推动下，电子邮箱成为了社会生活中的一部分，只要在网络环境下，就可以实现实时的邮件的寄发。其实，云计算技术已经融入现今的社会生活。

一、存储云

存储云，又称云存储，是在云计算技术上发展起来的一个新的存储技术。云存储是一个以数据存储和管理为核心的云计算系统。用户可以将本地的资源上传至云端上，可以在任何地方连入互联网来获取云上的资源。大家所熟知的谷歌、微软等大型网络公司均有云存储的服务，在国内，百度云和微云则是市场占有量最大的存储云。存储云向用户提供了存储容器服务、备份服务、归档服务和记录管理服务等等，大大方便了使用者对资源的管理。

二、医疗云

医疗云，是指在云计算、移动技术、多媒体、4G 通信、大数据、以及物联网等新技术基础上，结合医疗技术，使用云计算来创建医疗健康服务云平台，实现了医疗资源的共享和医疗范围的扩大。因为云计算技术的运用，医疗云提高医疗机构的效率，方便居民就医。像现在医院的预约挂号、电子病历、医保等等都是云计算与医疗领域结合的产物，医疗云还具有数据安全、信息共享、动态扩展、布局全国的优势。

三、金融云

金融云，是指利用云计算的模型，将信息、金融和服务等功能分散到庞大分支机构构成的互联网"云"中，旨在为银行、保险和基金等金融机构提供互联网处理和运行服务，同时共享互联网资源，从而解决现有问题并且达到高效、低成本的目标。在 2013 年 11 月 27 日，阿里云整合阿里巴巴旗下资源并推出阿里金融云服务。其实，这就是现在基本普及了的快捷支付，因为金融与云计算的结合，现在只需要在手机上简单操作，就可以完成银行存款、购买保险和基金买卖。现在，不仅仅阿里巴巴推出了金融云服务，像苏宁金融、腾讯等等企业均推出了自己的金融云服务。

四、教育云

教育云，实质上是指教育信息化的一种发展。具体的，教育云可以将所需要的任何教育硬件资源虚拟化，然后将其传入互联网中，以向教育机构和学生老师提供一个方便快捷的平台。现在流行的慕课就是教育云的一种应用。慕课 MOOC，指的是大规模开放的在线课程。现阶段慕课的三大优秀平台为 Coursera、edX 以及 Udacity，在国内，中国大学 MOOC 也是非常好的平台。在 2013 年 10 月 10 日，清华大学推出来 MOOC 平台——学堂在线，许多大学现已使用学堂在线开设了一些课程的 MOOC。

7.8 云网融合应用

7.8.1 云网一体基础设施建设

云网一体基础设施建设，是面向政府部门、企业客户和互联网客户推出的新型云计算平台，提供弹性计算、云存储、云网络和云安全等基础设施产品，数据库、视频服务等平台服务产品，并通过云市场引入海量优质应用。结合专线、CDN 等运营商优质网络资源，提供一站式定制化政务云、行业云、混合云等解决方案。

云网一体基础设施建设可使用 SDN 技术，为混合云场景（含公有云、私有云及数据中心托管）提供全国组网方案，解决不同地域，不同网络环境间多云互联的问题，实现异构混合云组网。

云网一体基础设施建设可分为云主机、云存储、云网络、云视讯、云 MAS、云迁移服务、云客服等应用。

一、云主机

云主机是通过虚拟化技术整合 IT 资源，为客户提供按需使用的计算资源服务。客户可以根据业务需求选择不同的 CPU、内存、存储空间、带宽以及操作系统等配置项来配置云主机，通过灵活的计价方式和细粒度的系列化配置，提高资源利用率和稳定性，降低客户的使用成本。

二、云存储

云存储是在云计算概念上延伸和发展出来的一个新的概念，是一种新兴的网络存储技术，是指通过集群应用、网络技术或分布式文件系统等功能，将网络中大量各种不同类型的存储设备通过应用软件集合起来协同工作，共同对外提供数据存储和业务访问功能的系统。移动云存储涵盖对象存储、云硬盘、云空间等。

对象存储是云提供的具有大容量、高安全、高可靠、低成本等特点的存储产品，用于存储图片、音视频、文档等非结构化数据。

云硬盘是为主机提供的高可靠、高并发、低延时、大容量的块存储产品；云硬盘备份是为云硬盘提供的备份产品，备份数据存储在对象存储上，可以跨系统容灾，保护核心数据永不丢失。

云空间是面向企业级用户的云应用产品，在解决企业员工文件存储需求之外，还支持文件共享、文件多版本、后台管理等功能，可以更好地保护企业数据的私密性，并方便企业的文档协作管理。

三、云网络

云专线：依托中国电信覆盖全国的传输网络，为客户提供的数据专线，实现云资源与用户本地数据中心安全稳定的连接。

虚拟私有云（VPC）：基于先进的 SDN（软件定义网络）技术，使用户能够构建独立的网络空间，并通过虚拟防火墙和安全组功能提高网络安全性，同时可以灵活部署混合云。

弹性公网 IP：为客户提供静态公网 IP 地址资源，可以灵活绑定云主机或弹性负载均衡器，自由调整带宽，实现云主机的互联网接入。

弹性负载均衡：将来自公网的业务访问流量分发到后台云主机，可选多种策略，并支持自动检测后端云主机健康状况，消除单点故障。

内容分发网络（CDN）：通过遍布全球的内容边缘节点、内部专用线路以及完善的网络路由调度机制为用户自动选择最佳网络访问路径，提供更快、更稳定、更便捷的网络访问体验。

四、云视讯

云视讯是中国电信全网运营的会议产品，基于专业会议终端提供高品质、专业级视频会议解决方案。系统一点建设、服务全网，提供语音、多媒体、高清三类会议服务，兼具媒体播报功能，通过客户端、手机、固话等丰富的会议终端系列全面覆盖客户需求。

五、云 MAS

云 MAS 是通过部署在电信侧的集中建设、集中运营、集中维护的消息类业务平台，满足客户的消息发布及互动需求，为集团客户提供基于移动终端的应用服务的信息化产品。

六、云迁移服务

电信云业务产品丰富，可为客户搭建一站式个性化的解决方案，可以满足不同需求客户。帮助企业把应用和数据从本地服务器或其他云平台迁移到电信云平台；同时通过调研、分析以及评估企业业务需求，提供专业的解决方案，帮助企业对业务系统进行云化。

七、云客服

云客服，以通信和云计算为基础，具备全渠道全触点接入、优质的网络与号码资源、大数据及智能化应用的智能联络平台。致力于为企业快速搭建属于自己的客服平台，提升客服工作效率，降低管理成本，让企业的客户服务成为新的商业价值。

7.8.2 通信大数据数字化应用

对于大数据时代的到来，信息成为企业战略资产，市场竞争要求越来越多的数据被长期保存，每天都会从管道、业务平台、支撑系统中产生大量有价值的数据，基于这些数据的商业智能应用将为运营商带来巨大的机遇。2016 年至 2019 年，全球移动数据流量以每年 50% 的复合增长率增长。下面介绍 5 种大数据的数字化应用。

一、精细化营销

在网络时代，基于数据的商业智能应用为运营商带来巨大价值。通过大数据 挖掘和处理，可以改善用户体验，及时准确地进行业务推荐和客户关怀；优化网 络质量，调整资源配置；助力市场决策，快速准确确定公司管理和市场竞争策略。例如，对使用环节如流量日志数据的分析可帮助区分不同兴趣关注的人群，对设 置环节如 HLR/HSS 数据的分析可帮助区分不同活动范围的人群，对购买环节如 CRM 的分析可帮助区分不同购买力和信用度的人群，这样针对新的商旅套餐或导 航服务的营销案就可以更精准地向平时出行范围较大的人士进行投放。

二、网络提升

互联网技术在不断发展，基于网络的信令数据也在不断增长，这给运营商带来了巨大的挑战，只有不断提高网络服务质量，才有可能满足客户的存储需求。在这样的外部刺激下，运营商不得不尝试大数据的海量分布式存储技术、智能分析技术等先进技术，努力提高网络维护的实时性，预测网络流量峰值，预警异常 流量，防止网络堵塞和宕机，为网络改造、优化提供参考，从而提高网络服务质量，提升用户体验。

三、互联网金融

通信行业的大数据应用于金融行业的征信领域。联通与招商银行成立的"招联消费金融公司"即是较好案例。招商与联通的合作模式主要体现在招商银行有对客户信用评级的迫切需求，而联通拥有大量真实而全面的用户信息。当招行需要了解某位潜在客户的信用或个人情况时，可向联通发起申请获得数据；或者给出某些标签。类似于此的商业模式将会在互联网金融大发展时期获得更多重视。目前，国内互联网金融发展的一大壁垒即是信用体系的缺失，而运营商拥有的宝贵大数据将是较好的解决渠道之一。

四、合作变现

随着大数据时代的来临，数据量和数据产生的方式发生了重大的变革，运营商掌握的信息更加全面和丰满，这无疑为运营商带来了新的商机。目前运营商主要掌握的信息包括了移动用户的位置信息、信令信息等。就位置信息而言，运营商可以通过位置信息的分析，得到某一时刻某一地点的用户流量，而流量信息对于大多数商家具有巨大的商业价值。通过对用户位置信息和指令信息的历史数据和当前信息分析建模可以服务于公共服务业，指挥交通、应对突发事件和重大活动，也可以服务于现代的零售行业。运营商可以在数据中心的基础上，搭建大数据分析平台，通过自己采集、第三方提供等方式汇聚数据，并对数据进行分析，为相关企业提供分析报告。在未来，这将是运营商重要的利润来源。例如，通过系统平台，对使用者的位置和运动轨迹进行分析，实现热点地区的人群频率的概率性有效统计，比如根据景区人流进行优化。

五、交由第三方挖掘

在大数据时代下，传统的经营分析系统遇到挑战，运营商会考虑如何更好地使用其大数据。我们看到，运营商仍然会采取旧方式，自身采购硬件设备，并交由第三方进行运维和分析。未来趋势，运营商已经开始采购 Hadoop 产品，由于 Hadoop 存在定制化，因此，运营商也会倾向于将后续数据挖掘等工作交由第三方来完成变现。

参考文献

［1］邹铁刚、刘建民、张明臣. 移动通信网络优化技术与实战［J］. 北京：清华大学出版社，2015.

［2］由宗铭. 云计算下的移动通信网络优化［J］. 网络安全技术与应用，2019（3）.

［3］魏婷婷. 基于云计算的移动通信 4G 网络优化探讨［J］. 数字通信世界，2019（7）.

［4］张燕. 云计算技术在网络安全存储中的应用浅析［J］. 数字通信世界，2019（8）.

［5］杨超. 浅谈云计算时代下网络信息安全问题及对策［J］. 信息系统工程，2019（7）.

［6］张阳，郭宝，刘毅. 5G 移动通信：无线网络优化技术与实践［J］. 北京：机械工业出版社出版. 2021

［7］韩斌杰、杜新宇、张建斌. GSM 原理及其网络优化［M］. 北京：机械工业出版社，2009

［8］李媛，移动通信原理与设备［M］. 北京：邮电大学出版社，2009

［9］唐姓，移动通信技术的历史和发展趋势［J］. 江西通信科技，2008（2）

［10］朱正国. 基于数据挖掘技术的校园无线网络优化［J］. 数码设计（下）. 2021，（3）